Silesian School of Health Sciences

# Health Sciences:

From Philosophical Backgrounds to Practical Issues

Edited by

Lesław T. Niebrój

Raleigh, NC

2014

© 2013 by LT Niebroj All rights reserved.

ISBN

Reviewers: prof. Adam Jonkisz, MA, PhD

Maria Kosińska, RN PhD

Za stronę językową prezentowanych tekstów odpowiadają ich autorzy

## Contents / Spis treści

**Wprowadzenie: ku definicji nauk o zdrowiu**
*(Lesław T. Niebrój)* 5

**Medycyna pod rosnącą presją ze strony prawa karnego: rozważania etyczne**
*(Lesław T. Niebrój)* 7

**Polska etyka medyczna: od barbarzyństwa do standardów kultury europejskiej?**
*(Lesław T. Niebrój)* 15

**Opinia środowiska pielęgniarskiego na temat eutanazji**
*(Agnieszka Wiśniewska, Anna Gawęda, Halina, Brus)* 21

**Ocena występowania wypalenia zawodowego wśród położnych pracujących w ośrodkach położniczych o różnym stopniu referencyjności**
*(Kornelia Wac, Joanna Świerczek, Ewa Tobor)* 27

**Relational approach to *identity* in Freud's psychoanalysis: ethical limits of "expressing oneself"**
*(Katarzyna Szmaglińska)* 37

**The problem of mental health conditions in psychoanalysis of Sigmund Freud**
*(Katarzyna Szmaglińska)* 43

**Problematyka prawna dopuszczalności wystawiania recept przez lekarzy: bez wizyty pacjenta oraz dla siebie i rodziny.** *(Danuta Jadamus – Niebrój)* 51

**Elektroniczna Weryfikacja Uprawnień Świadczeniobiorcy w pracy zespołu podstawowej opieki zdrowotnej.** *(Katarzyna Potempa)* 57

**Promocja zdrowia i edukacja zdrowotna wobec chorych objętych opieką paliatywną.**
*(Jolanta Flakus)* 63

**Stwardnienie rozsiane – wyzwania lecznicze, rehabilitacyjne i pielęgnacyjne**
*(Brus Halina, Cieślar Grzegorz, Gawęda Anna, Boroń Dariusz, Dworniczek Izabela, Sosna Alina, Brus Ryszard)* 77

**Choroba Parkinsona – problemy terapeutyczne i rehabilitacyjne**
*(Brus Halina, Krzych Łukasz, Boroń Dariusz, Buczyńska Barbara, Brus Ryszard)* 85

**Rola opieki pielęgniarskiej w opiece nad dzieckiem z rozpoznaną ostrą białaczką limfoblastyczną**
*(Ingram Paulina, Ingram Sebastian)*      *91*

**Informacja o autorach**     103

## Wprowadzenie: ku definicji nauk o zdrowiu

*Lesław Niebrój*

Uniwersytety medyczne w naszym kraju na przestrzeni ostatnich kilku lat powoływały wydziały nauk o zdrowiu. Większość z tych wydziałów wyewoluowała z uprzednio istniejących jednostek zajmujących się kształceniem – przede wszystkim – pielęgniarek. Przede wszystkim, to nie znaczy jedynie. Oferta edukacyjna dotyczyła kształcenia położnych, dietetyków, fizjoterapeutów itp. Potrzeby rynku pracy w dziedzinie ochrony zdrowia skłoniły uniwersytety do rozpoczęcia kształcenia na poziomie akademickim w wielu zawodach, które do tej pory przygotowywane były do spełniania właściwej dla siebie profesji bez studiów wyższych. Rozwój wiedzy, którą muszą przedstawiciele tych zawodów dysponować wydaje się w pełni uzasadniać, by nie powiedzieć, że się domaga kształcenia na poziomie wyższym.

Wydziały nauk o zdrowiu kształcą w sposób właściwy dla uniwersytetów, wiążąc edukację z prowadzeniem badań naukowych. W wyniku prowadzenia tych badań, ukazują się publikacje, które klasyfikowane są jako należące do dziedziny nauk o zdrowiu, a prowadzące je osoby zdobywają stopnie naukowe doktora i doktora habilitowanego nauk o zdrowiu, czy tytuł profesora w tej właśnie dziedzinie.

Praktyka badawcza określa kształt tego, jak należy rozumieć nauki o zdrowiu. Niewątpliwie ich tożsamość jest dopiero dookreślana. Można jednak zaproponować już pewne przybliżenia definicyjne. I tak na spotkaniu dziekanów wydziałów nauk o zdrowiu, które miało miejsce w 2013 roku w Warszawie, po przeanalizowaniu zawartości stosownych czasopism, zbadaniu struktury wydziałów (katedr i zakładów w nich posadowionych) oraz biorąc pod uwagę, jak definiuje się nauki o zdrowiu na forum międzynarodowym (zwłaszcza w rejonie Europy Centralnej i Wschodniej, zaproponowałem definicję, którą tu powtarzam:

**Nauki o zdrowiu to grupa medycznych nielekarskich dyscyplin naukowych, których wiedza i prowadzone w ich ramach badania naukowe przyczyniają się do właściwego praktykowania i rozwoju pielęgniarstwa, położnictwa, fizjoterapii oraz innych pokrewnych zawodów medycznych (ratowników medycznych, dietetyków, asystentów i higienistek stomatologicznych, administracji ochrony zdrowia, ortoptyków, protetyków-ortotyków itp.). Celem badań naukowych prowadzonych w ramach tej grupy nauk jest promocja, zachowanie i przywracanie zdrowia w ramach właściwych dla wskazanych wyżej profesji medycznych.**

Zaproponowana definicja podkreśla dwie istotne sprawy:

1. podstawowym 'zapleczem intelektualnym' danego badania, aby uznać je za badanie z zakresu nauk o zdrowiu, musi być wiedza medyczna,

2. istnieje ścisły związek pomiędzy naukami o zdrowiu a określonymi profesjami (nielekarskimi) w ochronie zdrowia.

Należy pamiętać, aby w nauki o zdrowiu nie wcielać meta-nauk względem medycyny, tj. nauk, których przedmiotem jest medycyna jako nauka (np. historia medycyny, socjologia medycyny, psychologia medycyny itp.). Nieprzemyślane włączanie prac z tych dziedzin w obszar nauk o zdrowiu doprowadzi do rozmycia się właściwej (a przecież przy tym dopiero tworzącej się) tożsamości nauk o zdrowiu. Z drugiej jednak strony – zachowując spojrzenie meta-przedmiotowe – wydaje się, że nauki o zdrowiu bardzo potrzebują refleksji nad sobą prowadzonej przez filozofię (w szczególności filozofię medycyny i filozofię nauki) socjologię, historię itp.

Z powyżej wyrażonych przekonań zrodził się pomysł niniejszej publikacji, która chce łączyć w sobie badania meta- i przedmiotowe, a przez to przyczyniać się do pełniejszego zrozumienia właściwej tożsamości nauk o zdrowiu.

W prowadzeniu działań, które wiążą się z naukami o zdrowiu, Śląsk ma dobrą i długą tradycję. Tradycja ta jest cennym dziedzictwem, do którego niniejsza publikacja chce nawiązać. Niewątpliwie należy być przy tym świadomym, że mówienie o śląskości skłania do spojrzenia na zagadnienie z punktu widzenia regionu, który jest częścią nie tylko Polski ale także Republiki Czeskiej i Niemiec. Niniejsza książka ma więc też stanowić zaproszenie do regionalnej, ponad krajowej współpracy w dziedzinie nauk o zdrowiu.

Jako redaktor niniejszego tomu chciałbym bardzo gorąco podziękować tym wszystkim, którzy przyczynili się do jego powstania. Szczególne słowa podziękowania kieruję do PT Recenzentów, którzy cennymi uwagami wzbogacili rozdziały, które miałem zaszczy przedstawić im, prosząc o opinie.

## Medycyna pod rosnącą presją ze strony prawa karnego: rozważania etyczne.

*Lesław Niebrój*

Tytuł niniejszej pracy może niektórych Czytelników prowadzić do błędnego przekonania, że prezentowany tu tekst zmierza do opisania, a zapewne oczekuje się przy tym, że ów opis zilustrowany zostanie licznymi i klarownymi przykładami z praktyki sądowniczej, presji wywieranej przez prawo karne na naukę i praktykę medycyny. Gdyby w istocie taki był cel, to należałoby się spodziewać, że w dalszej części pracy pojawią się dane świadczące o systematycznie wzrastającej liczbie procesów karnych przeciwko lekarzom i innym pracownikom ochrony zdrowia, a zapewne także informacje o coraz to surowszych karach wymierzanych w tych procesach. W rzeczywistości realizacja takiego celu byłaby stosunkowo łatwym zadaniem. Nie powinno stanowić większego problemu przedstawienie danych, zgodnie z którymi coraz to więcej i więcej lekarzy, pielęgniarek, położnych czy ratowników medycznych musi odpowiadać w procesach karnych za błędy w sztuce, zaniedbania itp. Dla wszystkich tych, którzy oczekiwaliby, że do wskazanych wyżej kwestii odsyła tytuł niniejszej pracy, nie ulega zapewne wątpliwości, że coś takiego jak „prawo karne" w ogóle istnieje, może być (dostatecznie) jasno zdefiniowane i – pomimo swej złożoności – stanowi koherentny (na ile to możliwe) system.

Wszystkie powyższe założenia, same w sobie, wymagają ufundowania w mniej lub bardziej świadomie (krytycznie) przyjętych przekonaniach odnośnie do, z jednej strony, istnienia i natury dóbr chronionych przez prawo karne, wśród których najbardziej oczywiste a zarazem centralne i na swój sposób fundamentalne miejsce zajmuje dobro jakim jest ludzkie życie, z drugiej zaś strony odnośnie do samej koncepcji zbrodni (przestępstwa), a w szczególności tego jak (jeżeli w ogóle jakoś) koncepcja ta pozostaje w relacji do niemoralności czynu.

Im powszechniejsze jest przekonanie, że rzeczywiście istnieje i jest rozpoznawalny system zwany prawem karnym, im mniej w odczuciu społecznym budzi kontrowersji koncepcja zbrodni (przestępstwa) i im większa istnieje skłonność do wiązania 'przestępstwa prawnego' z 'przestępstwem moralnym', z tym większą ostrożnością trzy te zagadnienia należałoby zbadać. Bez wykazania racjonalnego uzasadnienia dla wskazanych tu przekonań, może okazać się niezwykle trudne, jeżeli wręcz nie niemożliwe utrzymywanie, że system prawa karnego, w tym jego zastosowania w związku z działaniami w nauce i praktyce medycyny, są czymś więcej niż narzędziem opresji, która swe umocowanie posiada w autorytecie pochodzącym jedynie z siły, nie zaś z rozumu.

Refleksja nad wskazanymi zagadnieniami wydaje się przy tym nie tylko poznawczo interesująca, lecz zdaje się posiadać także istotne znaczenie praktyczne. Prowadzone tu rozważania będą miały charakter (na co wyraźnie wskazuje tytuł pracy) normatywny. Chodzi zatem o etyczną (a lepiej zapewne byłoby powiedzieć: bioetyczną) ocenę zastosowań prawa karnego w dziedzinie medycyny. Każdy Czytelnik, który posiada przygotowanie z zakresu filozofii (etyki) prawa, zdaje sobie sprawę, że nie będzie możliwe w tekście jednego artykułu nie tylko przedyskutowanie, ale nawet postawienie wszystkich kwestii, które zasługiwałyby w tym miejscu na uwagę. Przedstawianą tu pracę należy raczej traktować jako bardzo ogólny szkic (czyli właściwie coś, co można by określić mianem szkicu szkica), który wskazuje na główne kierunki i sposoby przyszłej, dalszej refleksji.

Zagadnienia tutaj podejmowane zostaną ograniczone do trzech, powiązanych ze sobą kwestii. Po pierwsze wydaje się zasadnym zapytać o specyfikę prawa karnego, w szczególności jako systemu innego, rozdzielnego, a w pewnym sensie przeciwstawnego względem prawa cywilnego. Następnie przedyskutowana zostanie koncepcja zbrodni (przestępstwa), przy czym szczególna uwaga zostanie poświęcona problemowi relacji pomiędzy prawem a etyką (prawem medycznym a bioetyką). Po trzecie wreszcie, biorąc pod uwagę, że sama koncepcja zbrodni wydaje się z konieczności zakładać wskazanie na wartości i dobra chronione przez prawo karne, tj. takie wartości i dobra chronione normami prawa karnego, których złamanie konstytuuje zbrodnię (przestępstwo), uwaga skoncentruje się na tym fundamentalnym dobrze za jakie uznawane jest „ludzkie życie". Zasadnicze problem ze zdefiniowaniem tego dobra i określeniem status moralnego człowieka zostaną wskazane w ostatniej części prezentowanych tu rozważań.

*Czym jest prawo karne i czym jest zbrodnia?*

Bez wątpienia rozważania z zakresu filozofii prawa karnego winno się osadzić w szerszym kontekście filozofii prawa jako takiego, podejmując dyskusję z całą różnorodnością przyjmowanych tu koncepcji poczynając od tych związany z ideą prawa naturalnego (i wielością sposobów jego interpretacji), aż po pozytywizm logiczny (ze wszystkimi jego odmianami). Refleksja taka jednak z całą pewnością przekraczałaby granice niniejszego eseju (który ma przecież być jedynie szkicem szkicu!). Szczęśliwie więc Antony Duff, artykułem opublikowanym na łamach *Stanford Encyclopedia of Philosophy* dowodzi, że z dużym powodzeniem zająć się można jedynie filozoficznymi teoriami prawa karnego, bez zagłębiania się w bardziej ogólne rozważania dotyczące prawa jako takiego (Duff 2012a).

Dwa zasadnicze, z istoty swej przeciwstawne, podejścia filozoficzne do prawa karnego: analityczne (wyjaśniające czym prawo takie jest, ale i czym jest zbrodnia, w analizach swych odwołujące się do kontekstu historyczno-społecznego) i normatywistyczne (określające czym prawo karne powinno być, jakim celom służyć, z jakich wartości niejako wyrastać, przy czym rozważania takie aspiruj do bycia ahistorycznymi, choć *de facto* są tylko pozornie ahistoryczne; pamiętać przecież należy, że samo pojęcie a/historyczności samo w sobie jest historyczne)(Niebrój 2010) łączy – co wydaje się dość oczywiste – to, że odwołują się do innych dziedzin filozofii (filozofii polityki, etyki, ale także filozofii umysłu a coraz częściej 'nowych' dyscyplin filozofii, takich jak np. neuroetyka)(Schleim et al. 2009). Łączy je jednak także coś zdecydowanie bardziej konkretnego, a mianowicie to, że refleksję nad prawem karnym wyprowadzają z rozważań nad zbrodnią (przestępstwem).

Czym jest zatem zbrodnia? Formalnie niewątpliwie jest jakąś formą postępowania. Daremnie byłoby jednak szukać zgody w opiniach teoretyków, filozofów prawa karnego, co właściwie należy przez owo postępowanie rozumieć: czyn, zaniechanie czynu, intencję podjęcia czynu (to co klasyczna etyka nazywa czynem wewnętrznym, a więc intencję rozumianą jako decyzję o podjęciu czynu), samo rozważanie podjęcia czynu (intencja rozumiana jako zamysł, bez decyzji woli o jego realizacji)? Powszechnie wydaje się panować zgoda co do przekonania, że zbrodnię (w rozumieniu tego, co wiąże się z prawem karnym) należy odróżnić od *pozaleganego* jej rozumienia, co więcej odróżniają trzeba także od szeregu naruszeń prawa, które nie stanowią o zbrodni. To ostatnie rozróżnienie dobrze jest zresztą znane w wielu systemach prawnych. Jako przykłady jego stosowania podaje się rozróżnienie pomiędzy Staftaten/Straftrech a Ordnungwidrigkeiten/Ordnungwidrigeitenrecht w systemie prawa niemieckiego oraz stosowanym w systemie prawa USA (American Law Institute's Penal Code) rozróżnieniem pomiędzy crime(s)/violation(s) (Duff 2012a). Zgoda ta jednak jest o tyle pozorna, że w różnych systemach prawnych (różnych krajów) określone, dane postępowania bywają różnie kwalifikowane, będąc rozpoznawane albo zbrodnia, albo jedynie jako 'inne' naruszenie prawa, zbrodnią niebędące. Brak wreszcie zgody na zdecydowanie bardzie fundamentalnym poziomie: czy prawo karne jedynie 'rozpoznaje' określone postępowanie jako zbrodnię (przede wszystkim na podstawie moralnych ocen danego postępowania), czy przeciwnie prawo to 'tworzy' co jest, a co nie jest zbrodnią.

Jeżeli (i) rozróżnienie pomiędzy tym, co prywatne (chronione prawem cywilnym) i tym, co publiczne (chronione prawem karnym) wraz z (ii) ukierunkowaniem na zadośćuczynienie, właściwym dla prawa cywilnego oraz ukierunkowaniem na ukaranie, co miałoby być charakterystyczne dla prawa karnego, wydaje się dostarczać swoistej *differentia specifica* prawa karnego (względem prawa cywilnego), to jednak przy nieco bliższym spojrzeniu na tę kwestię (biorąc choćby pod uwagę np. możliwość procesu karnego z oskarżenia prywatnego czy karzący wymiar zasądzonego odszkodowania w procesie cywilnym) okaże się, że i to rozróżnienie nie pozwala na jednoznaczne zdefiniowanie prawa karnego.

Nie powinno zapewne dziwić, że rozważenie wskazanych powyżej trudności w zdefiniowaniu czym w swej istocie jest/ma być prawo karne, prowadzi Duffa (2012a) do rozważań nad zasadnością odrzucenia prawa karnego jako takiego. Przytacza trzy zasadnicze argumenty wysuwane przez abolicjonistów: (i) tyranii prawodawcy (używając tu nieco 'mocniejszych określeń od tych, na jakie pozwala sobie cytowany autor), (ii) „kradzieży konfliktu" oraz (iii) powodowania cierpienia tam, gdzie ważniejsze jest pocieszenie. Trudno zresztą zapewne byłoby znaleźć takich teoretyków prawa karnego, którzy gotowi byliby przypisywać mu karanie rozumiane jako 'proste' (co znaczy tu w duchu prymitywnego retrybutywizmu) sprawianie cierpienia (Duff 2012b; Berman 2012)

Pierwszy z argumentów wydaje się nie do odparcia. Już nie tyle indywidualizm kultury postmodernistycznej, co przede wszystkim analizy Alasdaira MacIntyre'a (1984, 1988, 1990) utwierdzają w przekonaniu o niemożliwości (co znaczy tu zarówno: logicznej niemożliwości ,jak i nieetyczności podejmowania prób w tym względzie) zbudowania powszechnej zgody moralnej, która nie byłaby osadzona, a więc i ograniczona, do konkretnej tradycji racjonalności. Obszar zgody (*overlapping consensus*) do jakiego w swej filozofii politycznej odwołuje się John Rawls (1993, 2001), okazuje się obszarem zgody jedynie co do poszanowania autonomii jednostki (w tym wyznaczenia jej granic względem autonomii innych jednostek) (Niebrój 2012), a opinie (uchodzących za radykalnych) bioetyków, mówiących o pokojowym laickim społeczeństwie pluralistycznym (Engelhardt 1986), jawią się coraz bardziej (także w świetle empirycznych badań z zakresu socjologii moralności)(Turner 1988, 2001, 2003a/b, 2004a/b, 2005, 2009) jako niezwykle wyważone opinie. Tradycyjna zaś koncepcja prawa karnego rozróżniająca pomiędzy *mala in se* i *mala prohibita*, okazuje się o tyle nie do utrzymania, że powszechna zgoda (promowane przez czołowych bioetyków TL. Beauchampa i JF Childressa (2012) pojęcie moralności uniwersalnej), dotyczy jedynie tak ogólnych norm moralnych że, właśnie z racji swojej ogólności, są one *de facto* treściowo puste. Niemożność etycznego uzasadnienia norm prawa karnego, które mogłoby być akceptowane w społeczeństwie moralnie pluralistycznym, pozostawia miejsce jedynie koncepcjom instrumentalnym prawa karnego, które są niczym innym jak usankcjonowaniem tyranii określonej tradycji kulturowej (religijnej itp.) narzucanej różnorodnemu kulturowo, światopoglądowo, itp. społeczeństwu.

Kradzież konfliktu to nic innego jak „odebranie" go, „wyrwanie" z relacji ofiara-napastnik i przeniesienie w relację państwo (lud, król)-napastnik, co sprawia, że ani ofiara, ani w istocie napastnik nie mogą w nim brać udziału jako aktywne, samodzielne i autonomiczne podmioty.

Ukierunkowanie na karanie, w miejsce troski o zadośćuczynienie krzywdy to trzecia racja za zniesieniem prawa karnego . Przy czym chodzi tu o dwie zasadnicze kwestie. Po pierwsze ukierunkowanie na karanie odwodzi od myślenia perspektywicznego –likwidacji szkody, koncentrując się na retrospektywnym „wyrównaniu rachunków", które w swej istocie (co stanowi drugą kwestię) wydaje się być przejawem atawistycznych tendencji do wymierzania (prawnie usankcjonowanej) prymitywnej zemsty.

W kontekście powyższych uwag, prawo karne ingerujące w działania medyczne, w których zagrożone jest życie człowieka jawić się musi jako narzędzie „silniejszego", tj. dominującej, z takich czy innych (wcale niekoniecznie nawet demokratycznie usankcjonowanych) względów, tradycji kulturowej (religijnej). Innymi słowy: jedyny autorytet prawa karnego pochodzi z jego siły.

*Co jest dobrem chronionym: ludzkie(?) życie?*

Powyższą opinię o autorytecie prawa karnego pochodzącym jedynie z jego siły zadaje się potwierdzać, przeprowadzony – nawet jeżeli jedynie dość pobieżnie – przegląd literatury z wykorzystaniem bazy *PubMed*. Tak dokonany przegląd równocześnie przybliża do zrozumienia tego, co prawo karne uznaje za dobro, które zamierza chronić.

Przeszukiwanie bazy PubMed [sierpień 2012 r.] z wykorzystaniem jako słów kluczowych terminów (koniunkcja terminów): „criminal law" i „life protection" pozwala wyodrębnić główne grupy zagadnień, jakich dotyczą publikacje wiążące prawo karne z tym, co powszechnie uznaje się za fundamentalne dobro, przez to prawo chronione. Są to po pierwsze prace związane z problemem aborcji (Roden 2010, Miyazaki 2007, Gevers 1998, Nowicka 1995), dalej te, które podejmują zagadnienia dotyczące medycznie wspomaganego rodzicielstwem (w tym: statusu prawnego embrionu/płodu)(Muller 2005, Seymour 2002, Hepp 2002), problematykę związaną z (bardzo) szeroko rozumianą eutanazją (Smith 1996, Stevens 1996) oraz zagadnienia dotyczące działań medycznych wobec osób będących ofiarami przemocy (Sibert et al. 2002, Hyman 1996).

Lektura zebranego materiału bibliograficznego utwierdza w przekonaniu, że dyskusja dotycząca prawnokarnej ochrony życia człowieka w sytuacjach związanych z podejmowaniem działań medycznych prowadzona jest na gruncie rozważań o charakterze ontologicznym (kto jest człowiekiem: np. czy płód, a jeżeli tak to w jakiej fazie swojego rozwoju winien być uważany, rozpoznany za człowieka; warto tu wspomnieć słyną koncepcję przeżywalności płodu - ang. *viability* – znaną przede wszystkim z dyskusji w związku z wyrokiem Sądu Najwyższego USA w sprawie *Roe vs Wade*)(Peterfy 1995) i to na bazie (niemalże) wyłącznie jednej koncepcji, wiążącej człowieczeństwo z posiadaniem określonych cech biologicznych – wpisaniem w przynależność gatunkową *Homo sapiens*. A warto zauważyć, że prowadzenie w ten sposób refleksji wydaje się współcześnie napotykać na liczne, w tym 'nowe' problemy. 'Nowość' problemów nie polega na pojawianiu się kwestii związanych z tym, czy zygota, zarodek przed/poimplantacyjny, płód należą do gatunku człowieka (kwestie podnoszone we wczesnych latach istnienia bioetyki – zwłaszcza w pierwszej połowie lat siedemdziesiątych XX w.), lecz na tym, że zarzuty pod adresem tej koncepcji człowieka pojawiają się z zupełnie innej strony. Za sprawą postępu naukowo-technologicznego w medycynie „rozmywają się" klasyczne kryteria przynależności gatunkowej (już nie tylko w paleoantropologii, czy szerzej w paleobiologii, ale także z perspektywy współcześnie występujących gatunków, coraz bardziej oczywistym się staje, że samo pojęcie gatunku jest bardziej konstruktem niż koncepcją – używając tu terminologii metodologicznej). Bardzo wyraźnie zwracają na to uwagę Beauchamp i Childress (2012), gdy zauważają, że koncepcja ta nie rozwiązuje problemu statusu moralnego (w tym prawa do życia i jego ochrony, tak jak tradycyjnie jest ono przypisywane człowiekowi) organizmów transgenicznych, chimer oraz hybryd ludzko-zwierzęcych (tworzonych obecnie dla pozyskiwania komórek macierzystych, które jednak teoretycznie mogłyby być doprowadzone do rozwoju, który pozwalałby tym organizmom na samodzielne życie).

Najpoważniejszy zarzut pochodzi jednak skąd inąd. Formalna zasada sprawiedliwości stanowi, że należy równych traktować równo, nierównych nierówno. Jeżeli więc znajduje się jakościowe różnice pomiędzy przedstawicielami gatunku człowieka, a przedstawicielami innych gatunków (zwłaszcza innych naczelnych), to niewątpliwie usprawiedliwia to do przyznawania innego statusu moralnego (gdzie przez status moralny należy rozumieć prawo danej jednostki do bycia chronionym normami etycznymi) osobnikom z różnych gatunków. Jeżeli jednak badania nad naczelnymi (w szczególności szympansami) dowodzą, że osobniki z poza-ludzkich gatunków zdolne są do posługiwania się mową, a więc zasadnie można brać pod uwagę ich zdolność do myślenia, a w konsekwencji także decydowania o własnym postępowaniu, a więc i ponoszenia (i to klasycznie rozumianej)(Niebrój & Jadamus-Niebrój 2009) odpowiedzialności moralnej, formalna zasada sprawiedliwości zobowiązuje do nieróżnicowania ich statusu moralnego względem osobników z gatunku *Homo sapiens* (Schermann 2000).

Formalna zasada sprawiedliwości nakazuje zatem, aby ochrona życia dotyczyła nie tyle człowieka lecz istoty, co do której zasadne jest przyznanie jej statusu moralnego. Jak jednak, w oparciu o jakie kryteria rozstrzygnąć o prawie do bycia chronionym prawem moralnym? Zasadniczo rozważanych jest pięć głównych teorii (Beauchamp & Childress 2013). Jedną z nich, bodajże najstarszą a zarazem najpowszechniej przyjmowaną i stosowaną jest wspomniana wyżej koncepcja bazująca na przynależności gatunkowej. Koncepcja ta, wobec wskazanych powyżej argumentów mówiących o tym, że różnica pomiędzy osobą a nie-osobą nie jest różnicą międzygatunkową (gdzie gatunek jest rozumiany zgodnie z jego definiowaniem w taksonomii biologicznej), nosi wyraźne znamiona tego, co należałoby określić mianem „szowinizmu gatunkowego".

Wobec porażki 'koncepcji gatunkowej', wielu zwolenników wydaje się zyskiwać koncepcja przyznająca status moralny istotom wykazującym się określonymi zdolnościami poznawczymi: samoświadomością, wolnością i celowością działania, umiejętnością uzasadnia podjęcia/zaniechania działania, komunikacji z innymi za pomocą języka, rozumnością. Teoria ta w oczywisty sposób prowadzi do rozróżnienia pomiędzy istotami posiadającymi a nieposiadającymi status moralny, który nie pokrywa się z rozróżnieniem międzygatunkowym. Niewątpliwie wiele osobników gatunkowo przynależących do *Homo sapiens* nie będzie w stanie spełnić wskazanych kryteriów (nawet na najniższym, dodać trzeba: arbitralnie ustalonym poziomie), podczas gdy można racjonalnie oczekiwać, że – i to stosunkowo łatwo – będzie wskazać przedstawicieli innych gatunków, którzy te kryteria (na wymaganym poziomie) spełniają.

Teoria przypisująca status moralny istotom, które są podmiotami moralnymi wyprowadzana jest zwykle z refleksji Kanta: „autonomia jest podstawą godności ludzkiej i każdej istoty rozumnej". Konsekwentne stosowanie tej zasady pozbawia jednak godności bardzo wielu przedstawicieli gatunku człowieka, którym zwyczajowo ('koncepcja gatunkowa') jesteśmy gotowi przyznawać status moralny.

Czwarta z głównych teorii, bazująca na przyznawaniu statusu moralnego istotom zdolnym do odczuwania (bólu i/lub cierpienia) wydaje się zdobywać ostatnimi czasy szczególnie wielu zwolenników. Znajduje swe intelektualne źródła w słynnym pytaniu-wezwaniu sformułowanym przez Jeremy'ego Benthama: „Pytanie nie brzmi: *Czy oni potrafią myśleć?* ani *Czy oni potrafią mówić?*, lecz *Czy oni potrafią cierpieć?*" (cyt. za Beauchamp & Childress 2013, s. ) Teoria ta odwołująca się do bardzo rudymentarnych, przed-racjonalnych (?) odczuć, że niemoralne działanie wiąże się z zadawaniem bólu, pozostawia jednak szereg niejasności. I to nie tylko tych dotyczących 'granicy odcięcia' (jaki ma być poziom owej zdolności do odczuwania bólu), lecz także bardziej podstawowych, logicznie wcześniejszych a dotyczących określenia czym w istocie ból jest: reakcją (dowolną) na negatywny bodziec środowiska, reakcją układu nerwowego na negatywny bodziec środowiska, pozawerbalną reakcją na negatywny bodziec środowiska (np. płacz) czy wreszcie taką werbalną reakcją (lub precyzyjniej reakcją społecznie uznaną za taką).

Piąta z teorii wydaje się być najodleglejsza od potocznych przekonań i wiąże przyznawanie statusu moralnego z wchodzeniem w relacje z innymi istotami. To prawda, że teoria ta pozwala przyznać status moralny małemu dziecku, a nawet płodowi, ale równocześnie (z tą samą chciałby się powiedzieć mocą) uzasadnia obdarzenie statusem moralnym zwierzęta (zwłaszcza te, co do których istniej silna relacja emocjonalna do nich ich właściciela), a być może nawet bytów przynależnych do świata nieożywionego.

Jeżeli zwykle ambicją filozofów jest znalezienie jednego kryterium, naczelnej zasady, która (odnosząc do kwestii statusu moralnego) pozwalałaby odróżniać istoty chronione od niechronionych prawem moralnym, to – zgadzając się w tym miejscu z opinią Beauchampa i Childressa (2012) – jest to prawdopodobnie ambicja, która nie tyle wyraża szlachetność umysłu, który ją wyraża, lecz raczej brak otwartości intelektualnej na złożoność rzeczywistości będącej przedmiotem dyskusji. Synkretyzm jest tu zasługą, nie wadą. Rozwiązania należy szukać w specyfikacji twierdzeń wynikających z powyższych teorii (przy czym piąta z wyżej wymienionych będzie mieć relatywnie mniejsze znaczenie).

*Wnioski*

Działania prawa karnego w coraz mniejszym stopniu zdają się znajdować uzasadnienie w:

(i) samej teorii prawa karnego (koncepcja prawa karnego jest bardzo nieprecyzyjna, nie pozwala na wyraźne odróżnienie od prawa cywilnego itp.),

(ii) etycznie uzasadnionej koncepcji zbrodni, raczej przeciwnie prawo karne pozbawione w świecie pluralizmu moralnego takiego uzasadnienia, które mogłoby być powszechnie przyjmowane i być dostatecznie bogate treściowo, odwołuje się jedynie do autorytetu z siły, gdyż innego autorytetu po prostu nie posiada (lub co najmniej: inny autorytet coraz wyraźniej traci)

(iii) rozumieniu życia jako fundamentalnego dobra chronionego (co ma szczególne znaczenie dla procesów karnych w medycynie), gdyż prawo karne operuje jedną koncepcją ('koncepcja gatunkowa') pozwalającą określić czym jest ludzkie życie, nieszczęśliwie akurat tą, która pozostawia coraz więcej wątpliwości co do swej słuszności.

Jedynym źródłem autorytetu prawa karnego coraz bardziej okazuje się wyłącznie jego zdolność do wywierania nacisku, wymuszania określonych zachowań. Medycyna pozostaje zatem pod coraz większą presją prawa karnego nie dlatego, że prawo to coraz bardziej w nią ingeruje, lecz dlatego, że wszelkie interwencje prawnokarne, wobec braku możliwości ufundowania prawa karnego odnośnie do trzech wskazanych wyżej kwestii, okazują się coraz bardziej jedynie wywieraniem nacisku, presji. Słabość teoretyczna prawa karnego sprawia, że wszelkie egzekwowanie go to jedynie presja.

*Piśmiennictwo*

Beauchamp TL., Childress JF. (2013) *Principles of Biomedical Ethics*, 7th ed., New York: Oxford University Press

Berman, MN. (2012) Rehabilitating retributivism, *Law and Philosophy*, DOI: 10.1007/s10982-012-9146-1, ISSN 1573-0522

Duff A. (2012a), Theories of Criminal Law, [w:] *Stanford Encyclopedia of Philosophy*, dostępne ze strony http://plato.stanford.edu/entries/criminal-law [dostęp 06/09/2012]

Duff, RA. (2012b) Punishment and the duties of offenders, *Law and Philosophy*, DOI:10.1007/s10982-012-9150-5, ISSN 1573-0522

Engelhardt HT. (1986), *The Foundations of Bioethics*, New York-Oxford: Oxford University Press

Gevers S. (1998), Late termination of pregnancy in cases of severe abnormalities in the fetus, *Medicine and Law* 17(1), s. 83-92

Hepp H. (2002), Aporie der Prenatalmedizin, *Gynakologische-Geburtshilfliche Rundschau* 42(2), s. 67-74

Hyman A. (1996), Domestic violence: Legal issues for health care practitioners and institutions, *Journal of the American Medical Women's Association* 51(3):101-105

MacIntyre A. (1984) *After Virtue. A Study in Moral Theory*, 2nd ed., Notre Dame: University of Notre Dame Press

MacIntyre A. (1988) *Whose Justice? Which Rationality?*, Notre Dame: University of Notre Dame Press

MacIntyre A. (1990) *Three Rival Versions of Moral Enquiry. Encyclopaedia, Genealogy, and Tradition*, Notre Dame: University of Notre Dame Press

Miyazaki M. (2007), The history of abortion-related acts and current practice in Japan, *Medicine and Law* 26(4), s. 791-799

Muller C. (2005), The status of the extracorporeal embryo in German law, *Revista de Derecho y Genoma Humano* 23, s. 139-165;

Niebrój L., Jadamus-Niebrój D. (2009), Beyond purely ethical understanding of responsibility: Phenomenological approach, *Roczniki PAM* 55, s. 107–110

Niebrój LT. (2010), *Bioetyka programów życiowych. Rozwinięcie koncepcji pryncypializmu Beauchampa i Childressa*, Katowice: Wyd. SUM

Nowicka W. (1995), The fight for reproductive rights in Central and Easter Europe. Poland: Catholic backlash, *Planned Parenthood Challenges* 2, s. 23-24.

Peterfy A. (1995), Fetal viability as a threshold to personhood. A legal analysis, *Journal of Legal Medicine* 16(4), s. 607-636

Rawls J. (1993) *Political Liberalism*, New York: Columbia University Press

Rawls J. (2001) *A Theory of Justice* (Revised Edition), Cambridge (MA)-London: Harvard University Press

Roden GJ. (2010) Unborn children as constitutional person, *Issues in Law & Medicine* 25(3), s. 185-273

Schermann W. (2000) The Great Ape Project – Menschenrechte für die Grobetaen Menschenaffen, *ALTEX*; 17(4), s. 221–224

Seymour J. (2002), The legal status of the fetus: An international review, *Journal of Law and Medicine* 10(1), s. 28-40;

Sibert JR., Payne EH., Kemp AM et al. (2002), The incidence of severe physical child abuse in Wales, *Child Abuse & Neglect* 26(3), s. 267-276

Smith AM. (1996) Euthanasia: The Law in the United Kingdom, *British Medical Bulletin* 52(2), s. 334-340

Stevens ML. (1996), The Quinlan case revisited: A history of the cultural politics of medicine and the law, *Journal of Health Politics, Policy and Law* 21(2), s. 347-366.

Turner L. (1998) An Anthropological Exploration of Contemporary Bioethics: The Varieties of Common Sense, *Journal of Medical Ethics* 24(2), s. 127–133.

Turner L. (2001) Medical Ethics in a Multicultural Society, *Journal of the Royal Society of Medicine* 94(11), s. 592–594;

Turner L. (2003) Zones of Consensus and Zones of Conflict: Questioning the „Common Morality" Presumption in Bioethics, *Kennedy Institute of Ethics Journal* 13(3), s. 193–218

Turner L. (2003), Bioethics in a Multicultural World: Medicine and Morality in Pluralistic Settings, *Health Care Analysis* 11(2), s. 99–117;

Turner L. (2004a) Bioethics in Culturally Diverse Societies, *Medical Ethics* 11(2), s. 1–2, 12

Turner L. (2004b) Bioethics in Pluralistic Societies, *Medicine, Health Care, and Philosophy* 7(2), s. 201–208;

Turner L. (2005) From the Local to the Global: Bioethics and the Concept of Culture, *Journal of Medicine and Philosophy* 30(3), s. 305–320.

Turner L. (2009) Bioethics and Social Studies of Medicine: Overlapping Concerns, *Cambridge Quarterly of Healthcare Ethics* 18, s. 36–42;

# Polska etyka medyczna: od barbarzyństwa do standardów kultury europejskiej?

*Lesław Niebrój*

Proces integracji europejskiej wiąże się z przełamywaniem różnorodnych barier dzielących potencjalnych, ale także aktualnych członków wspólnoty. Toczące się dyskusje polityczne zdają się akcentować przede wszystkim różnice w rozwoju ekonomicznym dzielące poszczególne państwa. Biorąc pod uwagę podstawowe wskaźniki ekonomiczne, trudno negować twierdzenie, że różnice te tworzą realne bariery i to także w zakresie ochrony zdrowia [1]. „Żelazna kurtyna" przestała być kwestią polityczną, a stała się ekonomiczną. Istotne wydaje się, że przez pryzmat ekonomii oceniana jest cywilizacja techniczna w danym państwie a wraz z nią w ogóle „ucywilizowanie" danego kraju. Stwarza to łatwość postrzegania krajów byłego Bloku Wschodniego, jako swoistego terenu nie-cywilizowanego, czy wręcz obszaru barbarzyństwa.

Być może zresztą taki sposób postrzegania rejonu Europy Centralnej i Środkowej ma swoje jeszcze głębiej zakorzenione źródła. Analiza wybranych elementów POP-kultury, pozwala Wojciechowi Orlińskiemu [2] zarówno wykazać istnienie akceptowanego wśród społeczeństw Zachodu stereotypu „horroru ze Wschodu", jak wskazać na jego najbardziej podstawowe struktury. Stereotyp ten dochodzi do głosu w fabułach licznych gier komputerowych, popularnej literaturze, filmie, w ogłoszeniach znajdujących się np. w bankach Europy Zachodniej a pisanych w językach słowiańskich i ostrzegających o tym, aby nawet nie próbować kradzieży, wreszcie w decyzjach politycznych ograniczających dostęp do rynku pracy w zamożnych krajach „starej" Unii obywatelom państw nowoprzyjętych. „Horror ze Wschodu" nie ogranicza się do stwierdzenia istnienia rzeczy strasznych w tej części świata. „Horror ze Wschodu" staje się rzeczywistym zagrożeniem przez to, że wciąga w swe niebezpieczeństwo naiwnych dobroduszną łatwowiernością ludzi Zachodu. Stereotyp ten wydaje się mieć bowiem zasadniczo dość dobrze ustaloną i trwałą „strukturę dramatyczną", obejmującą cztery istotne elementy: (a) dochodzi do spotkania dobrego, otwartego, życzliwego przedstawiciela Zachodu z kimś/czymś ze wschodu; (b) pod wpływem tego kogoś/czegoś człowiek Zachodu zaczyna doświadczać rzeczy strasznych; (c) zagrożenie szybko się rozprzestrzenia tak, że samo dalsze przetrwanie cywilizacji (czyli Zachodu) a nawet ludzkości (czyli Zachodu) staje pod znakiem zapytania, aż wreszcie (d) pojawia się mądry i doświadczony człowiek (naturalnie z Zachodu), który ratuje świat. Interesujące wydaje się przy tym spostrzeżenie Orlińskiego [2] o tym, że stereotyp ten panuje także wśród mieszkańców Europy Wschodniej i Centralnej. Tyle tylko, że mają oni zwyczaj odnosić go nie do siebie samych, ale do krajów leżących na wschód od ich rodzinnego.

Medycyna wydaje się być tym obszarem życia, w odniesieniu do którego stereotyp „horroru ze Wschodu" mógłby znaleźć szczególnie wyrazistą ekspresję. I jest tak zapewne z dwu powodów: (a) człowiek chory, niesprawny jest osobą niezwykle wrażliwą, niezdolną do adekwatnej obrony przed niebezpieczeństwem, (b) z drugiej zaś strony medycynie towarzyszą stereotypy uznające jej niemalże nieograniczone możliwości, władzę nad człowiekiem [3].

Celem niniejszego artykułu jest: (a) zbadanie czy stereotyp „horroru ze Wschodu" znajduje swoje odniesienie do polskiej medycyny, w szczególności zaś jej standardów etycznych, (b) ewentualnych szczególnych elementów, jakie pojawiają się, gdy odnieść ów stereotyp właśnie do medycyny. Artykuł zmierzać będzie także (c) do wskazania sposobów przezwyciężenia badanego stereotypu, przynajmniej w sferze etyki medycznej.

*Materiał i metoda badań*

Analizy przeprowadzono na podstawie materiału bibliograficznego dostępnego w bazie danych PubMed (http://www.ncbi.nlm.nih.gov/entrez/query.fcgi, dostęp 17.06.2014). Wybrano te pozycje bibliograficzne, które równocześnie odpowiadały na hasła przeszukiwania: „ethics" i „Poland". W ten sposób uzyskano informację bibliograficzną dotyczącą 458 publikacji. Z analizy zostały wyłączone artykuły z zakresu historii medycyny, jeżeli dotyczyły one osób lub czasów sprzed „zapadnięcia żelaznej kurtyny".

*Wyniki*

Pobieżna nawet analiza zebranego materiału dowodzi, że na wprowadzone hasła odpowiedziały w przeważającej większości artykuły pisane w języku polskim (około 2/3 analizowanych pozycji bibliograficznych). Jedynie ich abstrakty, a czasami tylko tytuły, podane zostały w języku angielskim. Założyć należy, że de facto dostępne dla czytelników niebędących Polakami są jedynie owe abstrakty. Może to z kolei prowadzić do przypuszczenia, że wiedza na temat polskiej etyki medycznej, z braku językowo dostępnych źródeł, pozostaje bardzo ograniczona.

Polska jest dla czytelnika zainteresowanego etyką medyczną, krajem, nad którym wciąż cieniem kładzie się doświadczenie II Wojny Światowej. Okrucieństwa wyrządzonego przez niemiecki faszyzm [4], ale także przez reżim komunistyczny [5] i roli, jaka w tym okrucieństwie/walce z nim przypadła lekarzom.

Jednak nawet te najbardziej bolesne doświadczenia nie wydają się być głównymi elementami, które wkomponowują się w badany stereotyp. Elementy te można w zasadzie podzielić na trzy główne grupy, tj.: (a) dotyczące fundamentów, na których budowana jest etyka medyczna w Polsce; (b) obowiązujących tu standardów oraz (c) tego, jak są one stosowane w praktyce.

Do pierwszej grupy, z pozoru zapewne paradoksalnie, zaliczyć należy ideologie komunizmu i wpływ katolicyzmu. Zbigniew Szawarski wskazuje, co prawda, aż na pięć takich podstawowych źródeł [6].

Pomijając jednak znaczenie doświadczeń związanych z tragedią wojny, na którą wskazano wcześniej, dwa pozostałe wymieniane przez niego źródła etycznego status quo w etyce medycznej w Polsce (permanentny kryzys gospodarczy, brak właściwego kształcenia etycznego w curriculum studiów lekarskich) da się wywieźć z wpływu ideologii narzucanej przez instytucje państwa socjalistycznego. Journal of Medicine and Philosophy postanowił poświęcić specyfice etyki medycznej w krajach socjalistycznych całą serię artykułów [7]. Podkreśla się, co prawda, że w Polsce nigdy nie posunięto się tak daleko, jak w innych krajach tzw. „demokracji ludowej", z podporządkowaniem medycyny celom politycznym państwa totalitarnego (wykorzystanie np. leczenia psychiatrycznego dla eliminowania opozycji) i tym samym nie stawiano lekarzy wobec najbardziej fundamentalnych wyborów etycznych [8]. Równocześnie jednak należy zauważyć, że badania wykazują wpływ ideologii komunizmu na specyficzność postrzegania wybranych zagadnień etycznych (np. kwestii związanych ze sprawiedliwością) przez mieszkańców krajów byłego bloku komunistycznego [9]. Należy oczekiwać, że podobne, jak w całym społeczeństwie, były wpływy tej samej ideologii na grupę pracowników ochrony zdrowia.

Ideologia ta wydaje się być też odpowiedzialna za wytworzenie swoistej postawy „anty-". Sprzeciw taki prowadzi do odrzucania ex genre wszystkich przyjętych w tym systemie rozwiązań, w tym zasad związanych z równouprawnieniem kobiet [10; 11].

Skutkiem tejże ideologii jest również narzucenie modelu postrzegania roli jednostki w społeczeństwie w sposób skrajnie przeciwny indywidualizmowi [12]. Wdrożenie takiej optyki widzenia społeczeństwa i roli poszczególnych osób, prowadzi do wytworzenia czegoś, co - dość umownie - można tu nazwać „potrzebą posiadania pana", tj. bycia zależnym od odpowiedniego przełożonego, któremu przypisuje się prawo do decydowania w sposób de facto autorytarny. Potrzeba taka wydaje się – wraz z upadkiem Bloku Wschodniego – prowadzić do „zastąpienia" roli, jaką sprawowały instytucje polityczne państwa totalitarnego w Polsce, przez Kościół katolicki. Podkreślić przy tym należy, że jeszcze przed zmianami z 1989 roku pojawiają się artykuły sugerujące, że marksizm „ręka w rękę" z katolicyzmem winien walczyć z przejawami barbarzyństwa obecnymi w społeczeństwie polskim [13].

Tego typu autorytarny wpływ Kościoła katolickiego na etykę medyczną w Polsce miał dojść do głosu szczególnie dobitnie w związku z redakcją znowelizowanej wersji (tzw. „Bielskiej") Kodeksu Etyki Lekarskiej [14, 15]. Wpływ ten wiązany jest ściśle z - zarzucanym polskiemu środowisku lekarskiemu - paternalizmem medycznym [14,16, 17]

Jak łatwo przewidzieć, rola katolicyzmu najbardziej radykalnie krytykowana jest odnośnie kwestii dotyczących szeroko rozumianych zachowań seksualnych. W szczególny sposób wiąże się to ze zmianą prawa do aborcji, de facto delegalizacją takich zabiegów w Polsce [10, 11, 18; 19]. Podnoszone są także kwestie związane z edukacją seksualną i tolerancją określonych zachowań seksualnych sprzecznych z katolicką teologią moralną [11, 20]. Motywowane katolicyzmem zmiany standardów deontologicznych i prawnych miałyby być narzucane społeczeństwu w sposób autorytarny [19].

Mając swe źródła w ideologiach komunizmu lub konfesyjnych przekonaniach katolicyzmu, polskie normy etyczne postrzegane są, jako nie rozwiązujące istotnych ale równocześnie drażliwych kwestii, takich jak np. transseksualizm [21]. Wskazuje się na potrzebę dostosowania polskich standardów deontologicznych do norm międzynarodowych, w szczególności obowiązujących w Unii Europejskiej [22, 23, 24].

Wyrastająca ze wskazanych wyżej źródeł, „rządzona" normami deontologicznymi domagającymi się „europeizacji", praktyka etyki w medycynie polskiej wydaje się pozostawiać wiele do życzenia. Z listy stawianych zarzutów, trzy wydają się mieć szczególne znaczenie. Pierwszy dotyczy niewydolności sytemu ochrony zdrowia wynikającej w dużej mierze z rozpowszechnionej korupcji [25, 26]. Elementarna nieuczciwość nie dotyka jednak tylko 'struktury organizacyjnej' medycyny, lecz także 'teorii', tj. nauki medycyny. Dla nauki wiodącym – sądząc z liczby opublikowanych artykułów – pozostaje problem pisania plagiatów prac naukowych [27]. Wreszcie trzecim problemem są utrwalone społecznie zachowania wobec osób chorych psychiczne [28].

*Wnioski*

Obraz stanu polskiej etyki medycznej, jaki wyłania się z dokonanego przeglądu literatury, zdaje się dostarczać elementy, które łatwo wpasować w stereotyp „horroru ze Wschodu". Należałoby jednak postawić pytanie, czy elementy te same w sobie są zdolne zbudować taki stereotyp? Interesujące wydają się tu uwagi Orlińskiego [2], który badając przejawy kultury masowej zauważa, że stereotyp powstaje nie tyle z wiedzy o rzeczywistości panującej w tej części świata, lecz raczej z niewiedzy o tej rzeczywistości. A jeżeli tak, to podstawowym zagrożeniem dla postrzegania etyki medycznej czy w ogóle medycyny w Polsce w perspektywie „horroru ze Wschodu", wiązać należałoby z brakiem odpowiedniej liczby angielskojęzycznych publikacji na ten temat. Przełamywanie stereotypu wiązać się powinno zatem zapewne nie tyle z dostosowywaniem polskich norm do tych panujących w krajach „Starej" Unii, lecz raczej na „poinformowaniu" o własnej tożsamości. O „europeizacji" polskiej etyki medycznej można zapewne mówić jedynie w tym sensie, w jakim owa „europeizacja" oznacza akceptację dla standardów pokojowego, laickiego społeczeństwa pluralistycznego [29], nie zaś w rozumieniu narzucania jakiegoś jednolitego wzorca, którego zresztą Unia Europejska zdaje się nie móc (problem ratyfikacji Konstytucji) wypracować.

*Piśmiennictwo*

[1] Antunes JLF, Unemployment and health status in Europe, [w:] Niebrój L., Kosińska M., Unemployment and Health Care, Katowice: Wyd. SAM 2004, p. 23-29, dostępne na stronie: http://www.geocities.com/seria_eukrasia/P5_2

[2] Orliński W., Stereotyping: The Horrors from the East, IWM Post 2005; 88: 29-31

[3] Turney J, Frankenstein's Footsteps. Science, Genetics and Popular Culture, New Haven: Yale University Press 1998

[4] Bursztajn A., Reflection on my father's experience with doctors during the Shoah (1935-1945). Interview by Harold J. Bursztajn, J Clin Ethics 1996; 7(4):311-314

[5] Karbowski K., Professeur Francois Naville (1883 - 1968). Son role dans l'enquete sur le massacre de Katyn, Bull Soc Sci Med Grand Duch Luxemb 2004; 1:41-61

[6] Szawarski Z., Poland: biomedical ethics in a socialist state, Hastin Cent Rep 1987; 17(3):S27-S29

[7] Sass HM., Medical ethics in socialist countries: introduction, J Med Philos 1989; 14(3):233-234, 351-362

[8] Gierkowski JK, Jędrzejowska R., Leśniak R., Ryn ZJ., Etyczne aspekty w psychiatrii i psychologii sadowej, Folia Med. Cracov 1998; 39(3-4):121-130

[9] Cohn ES., White SO., Sanders J., Distributive and procedural justice in seven nations, Law Hum Behav 2000; 24(5):553-579

[10] Zielińska E., Plakiewicz J., Strengthening human rights, in particular the freedom of choice for women in matters relating to sexual behaviour and reproduction, J Int Bioethique 1992; 3(4):243-251

[11] Nowicka W., The fight for reproductive rights in Central and Eastern Europe. Poland: Catholic backlash, Plan Parent Chall 1995; 2:23-24

[12] Kemmelmeier M., Wieczorkowska G., Erb HP., Burnstein E., Individualism, authoritarianism, and attitudes toward assisted death: cross-cultural, cross-regional, and experimental evidence, J Appl Soc Psychol 2002; 59(12):1058-1059

[13] Oledzki M., Implikacje katolickiej nauki społecznej dla kształtowania procesów ludnościowych, Studia Demogr 1984; 76:75-88

[14] Jacórzyński W., Wichrowski M., A curious Polish code of ethics, Bull Med Ethics 1992; 78:17-19

[15] Saunders J., Polish medical ethics: an outsider's view, Bull Med ethics 1993; 85:20-22

[16] Szawarski Z., A report from Poland: Treatment and non-treatment of defective newborns, Bioethics 1990; 4(2):143-153

[17] Szawarski Z., Treatment of defective newborns – a survey of paediatricians in Poland, J Med Ethics 1988; 14(1):11-17

[18] Kissling F., Opposition to legal abortion: challenges and questions, Plan Parent Chall 1993; 1:3-5

[19] Kozakiewicz M., A thoroughly regressive law, Plan Parent Chall 1993; 1:10-11

[20] Lew-Starowicz Z., The changing sexual attitudes of boys in Poland, Plan Parent Eur 1990; 19(3): 4-5

[21] Bilikiewicz A., Gromska J., Transseksualizm jako fenomen interdyscyplinarny (artykuł dyskusyjny), Psychiatr Pol 2005; 39(2):227-238

[22] Cianciara D., Reklama leków kierowana do publicznej wiadomości w Polsce - aspekty prawne, etyczne, zdrowotne i społeczne, Przegl Epidemiol 2004; 58(3):555-563

[23] Cieśla J., Majka J., Obowiązki podmiotów gospodarczych wprowadzających do obrotu substancje lub preparaty niebezpieczne. Med Pr 2004; 55(1):81-86

[24] Sygit B., Bloch-Bogusławska E., Śliwka K., Ewolucja Praw Chorego w ustawodawstwie polskim 1918-1998 na tle standardów Unii Europejskiej, Arch Med Sadowej Kryminol 2003; 53(4):313-323

[25] Czupryniak L., Loba J., Route of corruption in Poland's health-care system, Lancet 2004; 364(9448):1856

[26] Ksykiewicz-Dorota A., Kamińska B., Health care system reform and the scope of independence in decision making by environmental/family nurses. I. Conditions for bearing responsibility for work results, Ann Univ Curie Sklodowska [Med] 2003; 58(1):21-26

[27] Sulowicz W., Another plagiarized paper in Przegląd Lekarski, Przegl Lek 1999; 56(11):738

[28] Pankiewicz P., Erenc J., Społeczne wyobrażenia o chorobach psychicznych – wyniki badań, Psychiatr Pol 2000; 34(5):783-793

[29] Niebrój L., "Pokojowe i laickie społeczeństwo pluralistyczne" (H. T. Engelhardt): zasady sprawiedliwego finansowania ochrony zdrowia, Piel Pol 2001; 11(1): 79-87

## Opinia środowiska pielęgniarskiego na temat eutanazji

*Wiśniewska Agnieszka, Gawęda Anna, Brus Halina*

Życie ludzkie ma ogromną wartość i fakt ten jest kwestią bezdyskusyjną, natomiast polemika rozpoczyna się w momencie, czy uzasadnione jest uporczywe podtrzymywanie tegoż życia za wszelką cenę. Problematyka ta daje podwaliny pod liczne rozważania na temat zjawiska eutanazji. Termin eutanazja pochodzi z języka greckiego „euthanasia", które powstało z połączenia dwóch greckich słów: „eu", co oznacza w języku polskim – dobry oraz „thanatos" – śmierć [1]. W szerszym ujęciu eutanazja oznacza zabójstwo człowieka (nieuleczalnie chorego, cierpiącego) na jego żądanie oraz pod wpływem współczucia dla jego osoby [2]. W piśmiennictwie można odnaleźć wiele terminów nawiązujących do eutanazji: eutanazja dobrowolna, niedobrowolna, kryptanazja, eutanazja czynna i bierna, dystanazja, sedacja terminalna, terapia uporczywa, ortotanazja, wspomagane samobójstwo, samobójstwo z pomocą lekarza czy prawo do śmierci w godności [3]. Zakładając, że życie ludzkie rozpoczyna się od chwili poczęcia do momentu naturalnej śmierci, należałoby zadać pytanie: „w którym momencie tak naprawdę następuje ten naturalny koniec?". W dobie tak ogromnego postępu medycyny oraz rozwoju techniki, możliwości walki o ludzkie życie oraz wydłużanie jego długości stało się osiągalne i powszechne. Przemyślenia na temat eutanazji – dające odczucia pozytywne lub pejoratywne, dotyczą każdego z nas bez względu na wiek, wyznaniowość, poglądy, priorytety życiowe.

*Cel pracy*

Celem pracy było poznanie poglądów na temat eutanazji w środowisku pielęgniarskim.

*Materiał i metody*

Przedmiotem badania była grupa 100 studentów pielęgniarstwa Wyższej Szkoły Planowania Strategicznego w Dąbrowie Górniczej. Narzędzie badawcze stanowił kwestionariusz autorskiej, anonimowej ankiety zawierającej 23 pytania.

*Wyniki*

Wśród ankietowanych przeważały kobiety (98%), w wieku od 31 do 40 lat (51%), o stażu w zawodzie 11-20 lat pracy (40%), prawie połowa była zatrudniona w oddziałach szpitalnych (49%).

Rycina 1 przedstawia pogląd badanych na temat określenia pojęcia eutanazji.

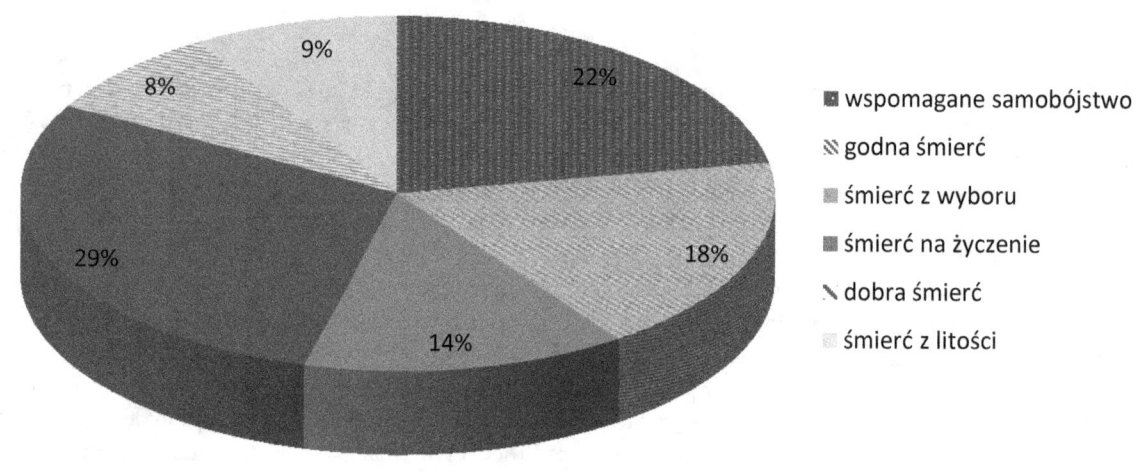

**Rycina 1. Określenie pojęcia eutanazji w opinii badanych**

W badanej populacji 28% ankietowanych poparłoby eutanazję w sytuacji sztucznego podtrzymywania życia przez aparaturę i leki, 22% u chorych cierpiących, wyniszczonych nieuleczalną chorobą, 17% nigdy nie wyraziłoby zgody na eutanazję, 15% w momencie śmierci klinicznej, 10% w sytuacji gdy noworodek przejawia znaczne uszkodzenia ciała lub mózgu, w przypadku przewlekłej choroby, która wiąże się z unieruchomieniem, a opieka nad chorym jest bardzo trudna – 8%.

Prawie połowa badanych (49%) podjęłaby decyzję o własnej eutanazji w obliczu podtrzymywania życia przy pomocy leków i aparatury medycznej, a jedynie 21% nie dopuszcza takiej możliwości.

Nieco inaczej kształtowały się odpowiedzi o decyzji odstąpienia od działań sztucznie podtrzymujących życie w sytuacji ciężkiej, nieuleczalnej choroby członka rodziny – 33% badanych wyraziłoby zgodę, natomiast 42% nie wiedziało jaką decyzję podjąć.

W badanej populacji osoby wierzące i praktykujące stanowiły 62% badanych, wierzące – niepraktykujące 37%, ateiści 1%. Zbadano również częstość odbywania praktyk religijnych, z czego wynikało, że tylko 43% odwiedza kościół w każdą niedzielę, z okazji ważnych świąt – 26%, raz w miesiącu – 23%, kilka razy w tygodniu – 4%, wcale nie uczęszcza do kościoła 4% badanych.

Na rycinie 2 ujęto bardzo istotną kwestię akceptacji deklaracji zgody na eutanazję gdy znajdujemy się w dobrej kondycji psychofizycznej.

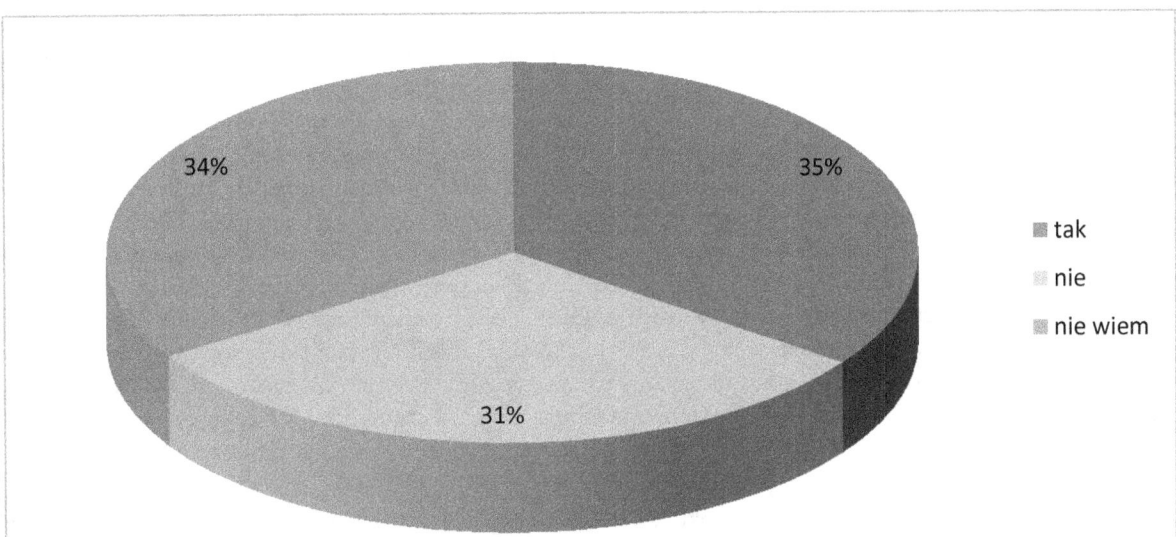

Rycina 2. Deklaracja zgody na eutanazję

Gotowość wyrażenia zgody na legalizację eutanazji w Polsce przedstawiono na rycinie nr.3.

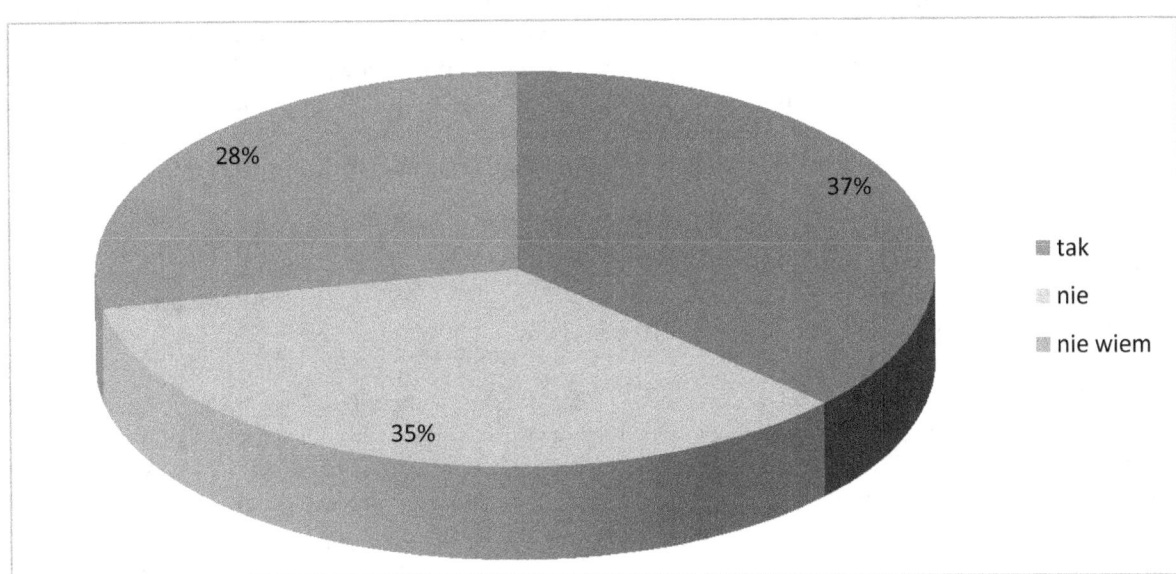

Rycina 3. Legalizacja eutanazji w Polsce

*Dyskusja*

Badanie przeprowadzone w grupie 100 studentów pielęgniarstwa pomostowego wykazało, że dla 29% z nich eutanazja jest śmiercią na życzenie a dla 22% wspomaganym samobójstwem, 18% badanych uznało eutanazję za godną śmierć a 8% za dobrą, dla 14% to śmierć z wyboru a dla 9% z litości. W badaniach Kowalewskiej i wsp. przeprowadzonych wśród studentów pielęgniarstwa i pielęgniarek czynnych zawodowo w 2007 roku 42% studentów oraz 70% pielęgniarek słowo eutanazja wiązało ze śmiercią na życzenie, 23% studentów i prawie 10% pielęgniarek określiło eutanazję jako zabijanie, natomiast za ulgę w cierpieniu uznało eutanazję 8% studentów i 8% pielęgniarek [4]. Z kolei w badaniach Szymańskiej przeprowadzonych wśród studentów pielęgniarstwa, prawa oraz kleryków - prawie 45% studentów pielęgniarstwa uznało eutanazję za zabieg skracający życie, prawie 32% za rozmyślne spowodowanie śmierci osoby nieuleczalnie chorej, 19% za godną śmierć, a 6% za dowód złej organizacji państwa i bezradność służby zdrowia [5]. Wydawać by się mogło, że pielęgniarki jako osoby mające częsty kontakt w życiu zawodowym z nieuleczalnie i ciężko chorymi, przychylniej spojrzą na problem eutanazji. Nie potwierdziło się to jednak w przeprowadzonych badaniach, gdyż tylko 37% badanych zdecydowanie poparło eutanazję, natomiast 35% zdecydowanie jej nie popiera. W badaniach przeprowadzonych przez Mickiewicz i wsp. wśród pielęgniarek w 2010 roku prawie połowa badanych (49,7%) wyraziła swoje poparcie dla eutanazji, jednocześnie 24% nie miała zdania w tej kwestii [6]. W badaniach Szymańskiej poparcie dla eutanazji wyraziło prawie 32% studentów, natomiast aż 34% nie miało sprecyzowanego zdania w tej kwestii. Z kolei w badaniach Leppert W. i wsp. przeprowadzonych wśród studentów VI roku medycyny jedynie 13,7% z nich poparłoby eutanazję, ale 28,5% nie miało sprecyzowanego zdania w tej kwestii [7].

Według danych CBOS z 2007 roku swoje poparcie dla eutanazji deklarowało 37% badanych Polaków, a 46% było zdecydowanie przeciwnych eutanazji [8]. Natomiast w 2009 roku 48% badanych wyraziło swoje poparcie dla eutanazji, 39% było przeciwnych, a 13% nie miało zdania na ten temat [9].

W badaniach własnych założono, iż zdecydowanie prościej podjąć decyzję o eutanazji względem siebie, niż osoby bliskiej. Decydując o nas samych nie obarczamy się aż tak wielkimi dylematami i poczuciem winy. Trudniej jest podjąć tak skomplikowaną moralnie decyzję za kogoś – kto niejednokrotnie sam nie jest w stanie się wypowiedzieć co do własnych preferencji w tym temacie. Założenie to znalazło potwierdzenie w wynikach badań własnych – prawie połowa badanych (49%) podjęłaby decyzję o własnej eutanazji w obliczu podtrzymywania życia przy pomocy leków i aparatury medycznej, a jedynie 21% nie dopuszcza takiej możliwości. W badaniach Leppert i wsp. 62% ankietowanych studentów w przypadku nieuleczalnej choroby własnej lub bliskiej osoby wybrałaby śmierć naturalną [7]. Nieco inaczej w badaniach własnych, kształtowały się odpowiedzi o decyzji odstąpienia od działań sztucznie podtrzymujących życie w sytuacji ciężkiej, nieuleczalnej choroby członka rodziny – 33% badanych wyraziłaby zgodę, natomiast 42% nie wiedziało jaką decyzję podjąć. Kolejna badana kwestia dotyczyła założenia, że religijność ma duży wpływ na poglądy ankietowanych. Z założenia bowiem, każda osoba wierząca powinna być zdecydowanym przeciwnikiem eutanazji. Według badań CBOS – u w roku 2000, 56,7% Polaków deklarowało się jako wierzący i praktykujący katolicy, natomiast w 2010 roku odsetek ten wyniósł 45,5% [10].

W badanej populacji osoby wierzące i praktykujące stanowiły 62% badanych, wierzące – niepraktykujące 37%, ateiści 1%. Zbadano również częstość odbywania praktyk religijnych, z czego wynikało, że tylko 43% odwiedza kościół w każdą niedzielę, z okazji ważnych świąt – 26%. Wynika z tego pewna nieścisłość, która zdaje się być efektem różnego rozumienia pojęcia „wierzący i praktykujący". Społeczeństwo wielokrotnie potwierdza swoją wiarę, co jednak często nie ma przełożenia na uczestnictwo w obrzędach kościelnych. Skoro jednak tylko 37% popiera eutanazję a 63% są przeciwne lub niezdecydowane, można uznać, że liczba ta pokrywa się z ilością osób (62%) deklarujących się jako wierzące i praktykujące. Można na tej podstawie założyć, że religijność ma wpływ na brak poparcia dla eutanazji. Według badań CBOS – u ponad 90% Polaków to osoby wierzące [11], zaskakujące więc wydaje się tak wysokie poparcie eutanazji wynikające z badań tej instytucji.

Decyzja o eutanazji nie jest łatwa, wiąże się z nią wiele dylematów natury etycznej i moralnej. Społeczeństwo nie jest w pełni gotowe na bezwarunkowe wyrażanie zgody na eutanazję. Istnieje potrzeba stworzenia regulacji prawnych, uniemożliwiających powstanie nadużyć - według badanych istnieje obawa, że uśmiercane mogą być osoby, których stan i rokowania na to nie wskazują. Eutanazja nie jest problemem natury prawnej. Żadna regulacja nie rozwiąże bowiem rozterek sumienia każdego z nas, i nie da jednoznacznej odpowiedzi co jest czynieniem dobra a co zła. Łatwiej byłoby gdyby każdy z nas miał możliwość udzielić odpowiedzi dotyczącej tego tematu, co jednak z chorymi, którzy są nieprzytomni i tej możliwości nie mają? Kto musiałby być obarczony ciężarem dokonania aktu eutanazji? Sam fakt legalizacji eutanazji nie spowoduje przecież, że automatycznie znajdą się osoby, które bezproblemowo i bez oporów eutanazji tej dokonają. A co z tymi, którzy pragną skrócenia swojej egzystencji, która z wielu względów nosi znamiona braku godności, bólu i cierpienia? Należałoby szczegółowo przeanalizować, z jakiego powodu ludzie pragną przyspieszyć swoją śmierć. Być może brak im w najbliższym otoczeniu osób, które otoczą ich czułą i troskliwą opieką. Powodem może być też cierpienie spowodowane silnym bólem, który przecież jest możliwy do rozwiązania, również uczucie osamotnienia i brak sensu w życiu, faktu bycia potrzebnym. Mamy wiele rozważań i wiele problemów, ponieważ tematyka jest bardzo trudna i niejednoznaczna. Problem jednak istnieje, i nie zniknie, w momencie zaprzestania rozmowy na jego temat. Warto jednak mieć pogląd dotyczący tej kwestii, zastanowić się nad sprawami, które również w przyszłości mogą dotyczyć każdego z nas.

*Wnioski*

– Sposób myślenia pielęgniarek na temat eutanazji, pokrywa się z poglądami pozostałej części społeczeństwa.

– Religijność i uczestnictwo w praktykach religijnych, mają kluczowe znaczenie jeśli chodzi o determinację poglądów badanych, ponieważ osoby wierzące starają się postępować zgodnie z dogmatami swojej wiary.

– Wśród badanych istnieje niepokój, który ma związek z możliwością wystąpienia negatywnych skutków legalizacji eutanazji w Polsce, którego przejawem mogą być nadużycia.

– Podjęcie decyzji odnośnie eutanazji, w stosunku do własnej osoby jest procesem zdecydowanie mniej skomplikowanym, niż względem osoby bliskiej – gdzie zawsze pojawiają się wątpliwości i rozterki moralne.

*Piśmiennictwo:*

1. Malczewski J., Z dziejów pojęcia eutanazji. Diametros 2004; 1 s.17
2. Kopaliński W.: Słownik wyrazów obcych i zwrotów obcojęzycznych, Wiedza powszechna. Warszawa 1971, s.229
3. Błaszczuk J.: Eutanazja – mity. Onkologia Polska 2005; 8,3: 193-194
4. Kowalewska B., Krajewska-Kułak E., Jankowiak B., Gołębiewska A., Wróblewska K., Rolka H., Van Damme-Ostapowicz K., Chilińska J., Kowalczuk K.: Opieka hospicyjna i paliatywna oraz

eutanazja w opinii pielęgniarek i studentów kierunku pielęgniarstwo. Problemy Higieny i Epidemiologii 2007, 88, 4, 484-488

5. Szymańska K., Postawy wobec eutanazji wśród studentów pielęgniarstwa, prawa i kleryków. Piel. Zdr. Publ. 2012; 2,2, s.125-133

6. Mickiewicz I., Krajewska- Kułak E., Kędziora- Kornatowska K., Rosłan K.: Postawy pielęgniarek wobec eutanazji. Piel. Zdr. Publ. 2011,1,3,s.199-208

7. Leppert W., Gottwald L., Kaźmierczak-Łukaszewicz S.: Problematyka eutanazji i opieki paliatywnej w poglądach studentów VI roku medycyny. Medycyna Paliatywna 2009;1: 45-52

8. CBOS 2007 – opinie o eutanazji, czyli pomocy w umieraniu
http://www.cbos.pl/SPISKOM.POL/2007/K_093_07.PDF

9. CBOS 2009 – Opinia społeczna o eutanazji
http://www.cbos.pl/SPISKOM.POL/2009/K_142_09.PDF

10. Co jest ważne, co można, a czego nie wolno – normy i wartości w życiu Polaków
http://badanie.cbos.pl/details.asp?q=a1&id=4338

11. CBOS 2009 – opinia społeczna o eutanazji
http://www.cbos.pl/SPISKOM.POL/2009/K_120_09.PDF

# Ocena występowania wypalenia zawodowego wśród położnych pracujących w ośrodkach położniczych o różnym stopniu referencyjności

*Kornelia Wac, Joanna Świerczek, Ewa Tobor*

Zjawisko wypalenia zawodowego to kolejna choroba cywilizacyjna, która może dotknąć każdego z nas, a przede wszystkim dotyczy osób pracujących w zawodach wymagających intensywnych kontaktów interpersonalnych z pacjentami, klientami czy społeczeństwem, np. lekarzy, pielęgniarek, położnych, nauczycieli, pracowników socjalnych itd. Reprezentanci tych zawodów doświadczają coraz więcej stresu, z którym trudno sobie poradzić, wyczerpują się i są chronicznie zmęczeni, coraz mniej zadowoleni z pracy. Próbując radzić sobie z tymi obciążeniami coraz bardziej dystansują się od osób, którym pomagają.

Wypalenie zawodowe objawia się chronicznym, nieprzemijającym nawet po odpoczynku zmęczeniem, wyczerpaniem emocjonalnym, pogorszeniem samopoczucia i funkcjonowania fizycznego, uczuciem niepowodzenia i rozczarowania, co do efektów działania zawodowego. Zjawisko to opisano stosunkowo niedawno, bo w latach 70, poprzedniego wieku. Stwierdzono wówczas, że jest to zespół odrębny niż np. depresja czy nerwica, wskazując na ścisły związek występujących objawów z wykonywana pracą zawodową [1].

Zdaniem Maslach wypalenie zawodowe przebiega według następującego schematu:

I stadium to ***wyczerpanie emocjonalne***: pojawia się zmęczenie fizyczne, dolegliwości ze strony układu pokarmowego, bóle głowy, zaburzenia snu, osłabienie układu immunologicznego. Sprzyja to ograniczaniu kontaktu z klientami lub pacjentami, poprzez zwiększanie przerw w pracy. Głównymi źródłami wyczerpania są: nadmiar obowiązków oraz konflikty w pracy. Na płaszczyźnie zawodowej osoba czuje się wyeksploatowana i wyczerpana, a równocześnie nie dostrzega możliwości regeneracji sił.

II stadium to ***depersonalizacja:*** przejawia się poprzez dystansowanie się w kontaktach interpersonalnych, a często także utratą idealizmu. Występuje także negatywne przekonanie, że osoba potrzebująca pomocy zasługuje na los, jaki ją spotkał i nie jest warta godnego traktowania. Depersonalizacja jest pochodną wyczerpania emocjonalnego. Może być postrzegana, jako forma samoobrony poprzez tworzenie emocjonalnego bufora obojętności chroniącego przed kontaktami. Istnieje jednak ryzyko, że obojętność może prowadzić apersonalnej postawy wobec innych i dehumanizacji.

III stadium to obniżona satysfakcja zawodowa: brak poczucia osobistych osiągnięć i kompetencji w związku z wykonywaniem pracy. Przejawia się w przeświadczeniu o własnej niekompetencji i braku kontroli nad sprawami zawodowymi, a także trudności w koncentracji na problemie i opanowywaniu emocji, niezadowolenie i niechęć do wykonywanej pracy. Obniżenie poczucia własnej skuteczności i efektywności działania może się wiązać z depresyjnością i trudnościami w radzeniu sobie z wymaganiami, jakie stawiane są w pracy, oraz ze stresem związanym z wykonywanym zawodem [2].

Odnosząc się do działalności zawodowej położnej realizowanej w placówkach ochrony zdrowia o różnym poziomie referencyjności zasadne wydaje się dokonanie porównania wpływu charakteru pracy na występowanie objawów wypalenia zawodowego.

*Cel pracy i problemy badawcze:*

Celem pracy jest przedstawienie problemu wypalenia zawodowego jego przebiegu, przyczyn i objawów oraz ocena występowania wypalenia zawodowego wśród położnych w zależności od stopnia referencyjności ośrodka, w którym pracują.

W związku z celem ogólnym założono problemy badawcze dotyczące:

1. Oceny wskaźnika wypalenia zawodowego dotyczącego wyczerpania emocjonalnego (WWZ1).
2. Ocena wskaźnika wypalenia zawodowego odpowiadającego depersonalizacji (WWZ2).
3. Ocena wskaźnika wypalenia zawodowego odpowiadającego satysfakcji zawodowej (WWZ3).
4. Ocena porównawcza w/w wskaźników w zależności od stopnia referencyjności ośrodka.
5. Oceny zależności, poczucia występowania wypalenia zawodowego od stażu pracy.
6. Oceny zależności, poczucia występowania wypalenia zawodowego od wieku.
7. Ocenę wpływu wysokości wynagrodzenia za pracę na poziom wypalenia zawodowego.

*Materiał i organizacja badań:*

Podmiotem badań była grupa 100 położnych, w tym 50 pracujących w placówce ochrony zdrowia pierwszego i 50 położnych trzeciego stopnia referencyjności w opiece położniczo-ginekologicznej.

Do przeprowadzenia badań uzyskano zgodę dyrektorów, dwóch ośrodków pierwszego oraz dwóch ośrodków trzeciego stopnia referencyjności. Położne biorące udział w badaniu zostały poinformowane o całkowitej anonimowości przeprowadzonej ankiety, oraz że uzyskane dane będą wykorzystane wyłącznie w celach naukowych.

Kryterium włączenia do badań był staż pracy badanych nie mniejszy niż 5 lat, w związku z tym wyłączone z badania zostały położne pracujące w zawodzie mniej niż 5 lat.

*Metoda badawcza:*

W celu uzyskania odpowiedzi na założone problemy badawcze wykorzystano badania ilościowe z zastosowaniem metody sondażu diagnostycznego. Materiał badawczy pozyskano techniką ankietowania. Narzędziem badawczym był kwestionariusz ankiety, składający się z dwóch części, gdzie pierwsza składa się 5 pytań dotyczących: wieku ankietowanych, stażu pracy oraz systemu, w jakim obecnie pracują. Natomiast drugą część stanowi Kwestionariusz Wypalenia Zawodowego wg Ch. Maslach MBI (ang. Maslach Burnout Inventory) w polskiej adaptacji Noworola i Łącały [3]. Celem kwestionariusza jest ocena trzech zasadniczych komponentów zespołu wypalenia: wyczerpanie emocjonalne, depersonalizację i obniżone poczucie dokonań osobistych.

Pytania od 1 do 9 dotyczą występowania objawów wyczerpania emocjonalnego, od 10 do 14 zespołu objawów związanych z depersonalizacją, a pytania od 15 do 20 – poczucia satysfakcji zawodowej. Miara zagrożenia wypaleniem zawodowym wynika z sumy twierdzących w skali I i II ( pytania 1-9 i 10-14) oraz przeczących odpowiedzi w skali III (pytania 15- 20). Wyniki ostatniej skali należy interpretować uwzględniając odmienność znaku tego wymiaru wypalenia zawodowego: wysoka satysfakcja zawodowa oznacza niską wartość wypalenia, czyli wysoka satysfakcja jest odwrotnością syndromu wypalenia się. W drugiej części Kwestionariusza Wypalenia Zawodowego Ch. Maslach znajdują się pytania dotyczące wysokości wynagrodzenia za pracę oraz czy jest ono adekwatne do wykonywanych obowiązków zawodowych. Kwestionariusz ankiety składa się z 30 pytań zamkniętych. Uzyskane wyniki opracowano statystycznie uzyskując dane liczbowe oraz poddano je analizie procentowej za pomocą tabeli i wykresów [4].

*Wyniki i ich omówienie:*

Celem charakterystyki grup badawczych dokonano analizy rozkładu wieku, stażu pracy oraz stanu cywilnego, co pozostaje w związku z występowaniem zjawiska wypalenia zawodowego oraz wpływa na radzenie sobie z jego objawami. Wyniki badań wyrażone są w procentach.

Rozpiętość wieku badanych położnych wahała się od 26 do powyżej 56 roku życia. Dokonując analizy porównawczej rozkładu wieku w obu ośrodkach największe zróżnicowanie wieku stwierdza się wśród kobiet dojrzałych.

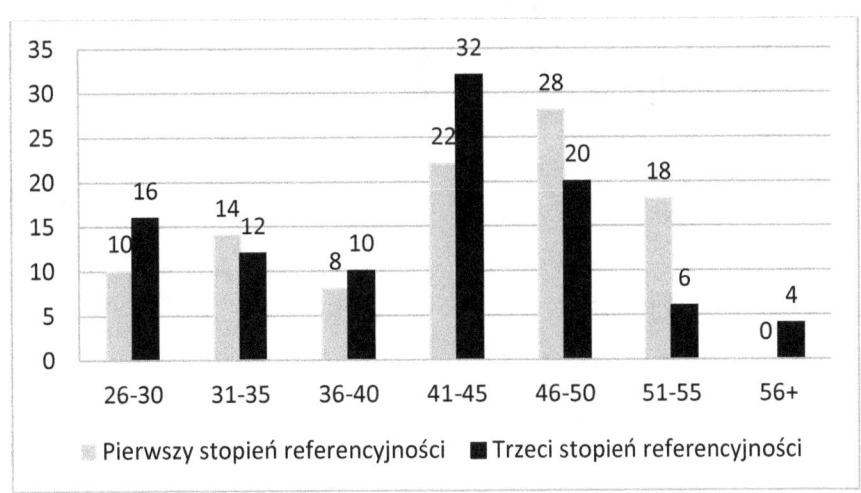

Ryc.1. Rozkład grup względem wieku (I°R n=50 i III°R n=50).

Ośrodki obu stopni referencyjności w większości (68% I°R i 62% III°R) reprezentowane były przez położne będące w dojrzałym wieku w przedziale od 41 do powyżej 56 roku życia.

W obu badanych ośrodkach dominowały dwie grupy wiekowe w przedziale 41-45 lat oraz 46-50 różniące się od siebie niewielkim odsetkiem występowania. W ośrodku trzeciego stopnia referencyjności najwyższy odsetek (32%) stanowiły osoby w przedziale wieku od 41 – 45 lat oraz nieco niższy (20%) w wieku 46-50 lat. W zbliżonym odsetku reprezentowały ośrodek pierwszego stopnia położne w wieku 46-50 lat (28%) oraz 22% w wieku 41-45. Najwyższą rozpiętość zauważa się w grupie wiekowej 51-55, bowiem w ośrodku pierwszego stopnia położnych w tym wieku było 3 razy więcej (18%) w porównaniu do 6% w ośrodku trzeciego stopnia. W równym odsetku po 22% w obu ośrodkach pracowały położne w grupie wiekowej 31-40 lat jako druga, co do wielkości grupa zawodowa.

Analiza wyników dotycząca stażu pracy ankietowanych koresponduje z uzyskanymi w zakresie wieku. Położne legitymowały się różnym stażem doświadczenia zawodowego, a uzyskane wyniki były zbliżone w obu ośrodkach. W ośrodku o pierwszym stopniu referencyjności ponad połowa (62%) badanych położnych pracowała ponad 21 w zawodzie, natomiast w ośrodku o trzecim stopniu nieco mniej, bo 52%. Jednak obie grupy stanowiły położne z dużym doświadczeniem zawodowym.

W równym odsetku po 10% w ośrodku o pierwszym jak i trzecim stopniu pracowały położne o najwyższym stażu pracy, powyżej 31 lat. Przeważały (I°R 28%, III°R 24%) położne ze stażem pracy w przedziale 21-25 lat. Nieco mniejszą grupę stanowiły położne pracujące 26-30 lat (I°R 24%, III°R 18%). Kolejną grupą były położne legitymujące się stażem pracy 11-15 lat nie różniące się zbyt odsetkiem występowania w obu grupach (I°R 18%, III°R 16%).

W zdecydowanej większości, przy niewielkiej różnicy (I°R 88%, III°R 76%) w obu ośrodkach położne pracowały w systemie rotacyjnym, jednak od dłuższego czasu pracują w tym samym oddziale, co wskazuje na wysoki poziom specjalizacji w jednej dziedzinie i może mieć wpływ na poziom syndromu wypalenia zawodowego. W ośrodku w wyższym stopniu referencyjności pracuje dwa razy więcej kobiet młodych o stażu pracy od 6 do 10 lat (I°R 10%, III°R 24%).

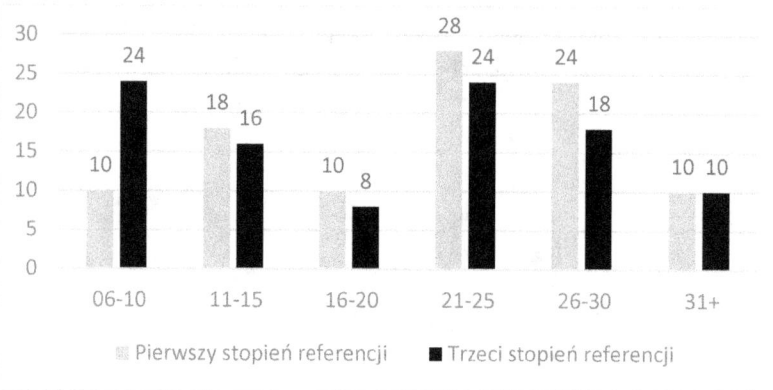

Ryc. 2. Staż pracy w zawodzie położnej (I°R n=50 i III°R n=50).

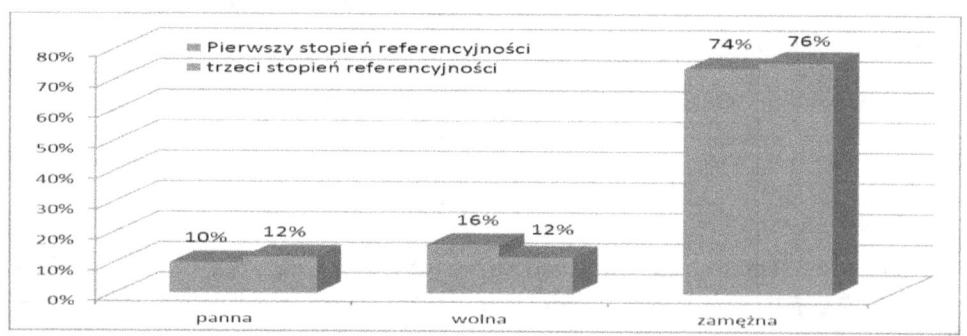

Ryc. 3. Stan cywilny (I°R n=50 i III°R n=50).

Uzyskane wyniki analizy grupy względem stanu cywilnego są odzwierciedleniem uzyskanych wcześniej wyników badań. Skoro większość badanych w obu ośrodkach była w wieku powyżej 41 lat, w tym duża grupa powyżej 46 lat nie dziwi fakt, że w obu badanych grupach zdecydowanie przeważały kobiety zamężne (I°R 74%, III°R 76%), pań wolnych było zdecydowanie mniej ( I°R 16%, III°R 12%), natomiast podobną procentowo grupę jednak na korzyść drugiej stanowiły położne w stanie panieńskim (I°R 10%, III°R 12%).

Analizując poziom wypalenia zawodowego wśród położnych zatrudnionych w ośrodkach najniższym i najwyższym stopniu referencyjności świadczonej opieki położniczo-ginekologicznej, mierzony za pomocą kwestionariusza MBI należy zwrócić uwagę na wskaźniki poszczególnych komponentów charakteryzujących zjawisko wypalenia zawodowego tj. wypalenie emocjonalne (WWZ1), depersonalizacja (WWZ2), satysfakcja zawodowa (WWZ3) oraz ogólny wskaźnik wypalenia zawodowego (OWWZ), który jest średnią arytmetyczną wyników poszczególnych komponentów. Przy czym WWZ3 należy interpretować uwzględniając odmienność znaku tego wymiaru czyli wysoka satysfakcja zawodowa jest odwrotnością syndromu wypalenia zawodowego.

Otrzymane wyniki badań wykazały, że wskaźniki wypalenia zawodowego rozkładają się podobnie w obu ośrodkach o różnej referencyjności. Jedynie wskaźnik satysfakcji zawodowej jest znacznie wyższy w ośrodku trzeciego stopnia referencyjności (57), co świadczy o niskiej wartości syndromu wypalenia zawodowego w porównaniu ze wskaźnikiem w ośrodku pierwszego stopnia referencyjności (30). Mimo to ogólny wskaźnik wypalenia zawodowego jest wyższy w ośrodku trzeciego stopnia (37) niż w ośrodku pierwszego stopnia (31). Rozkład średnich wartości wyników uzyskanych za pomocą kwestionariusza MBI w ośrodku pierwszego stopnia referencyjności jest najniższy dla skali wyczerpania emocjonalnego (28), a najwyższy dla satysfakcji zawodowej (30). Natomiast depersonalizacja występuje na poziomie średnim (29). W ośrodku trzeciego stopnia referencyjności najwyższy wynik dotyczy satysfakcji zawodowej (57), najniższy depersonalizacji (22), natomiast wyczerpanie emocjonalne występuje na poziomie 30, co przedstawia wykres 4.

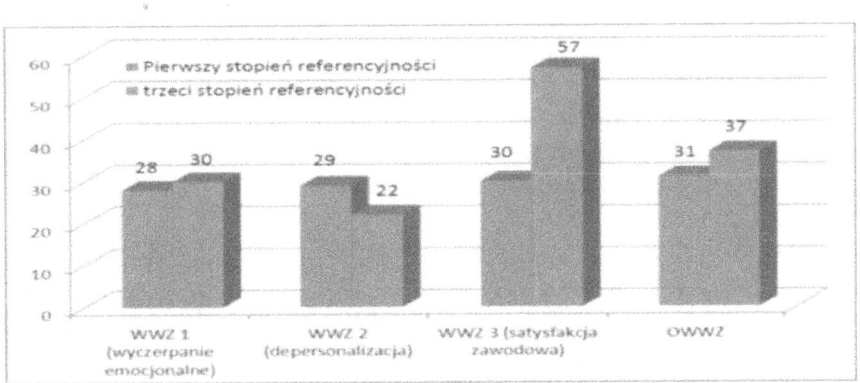

Ryc. 4. Zestawienie wskaźników wypalenia zawodowego (I°R n=50 i III°R n=50).

Analizie poddano również poziom wypalenia zawodowego z zależności od wieku respondentek.

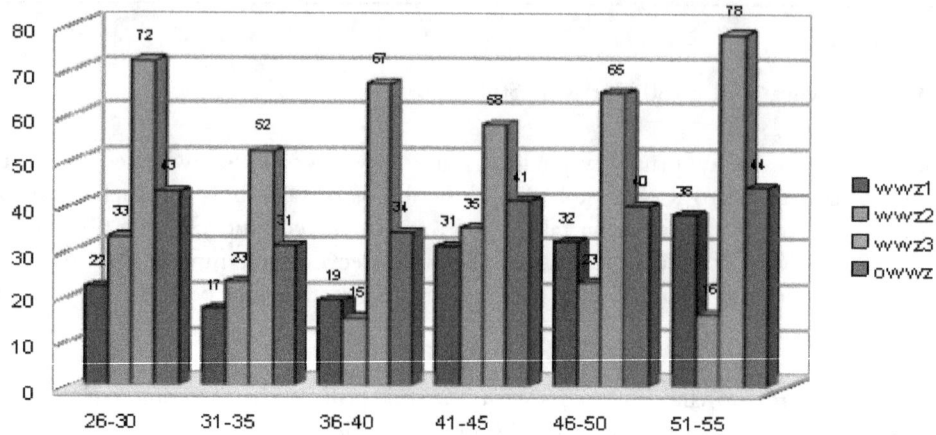

Ryc. 5. Zależność poczucia wypalenia zawodowego od wieku badanych w ośrodku pierwszego stopnia referencyjności (n=50). Wartości przedstawiają ilość punktów.

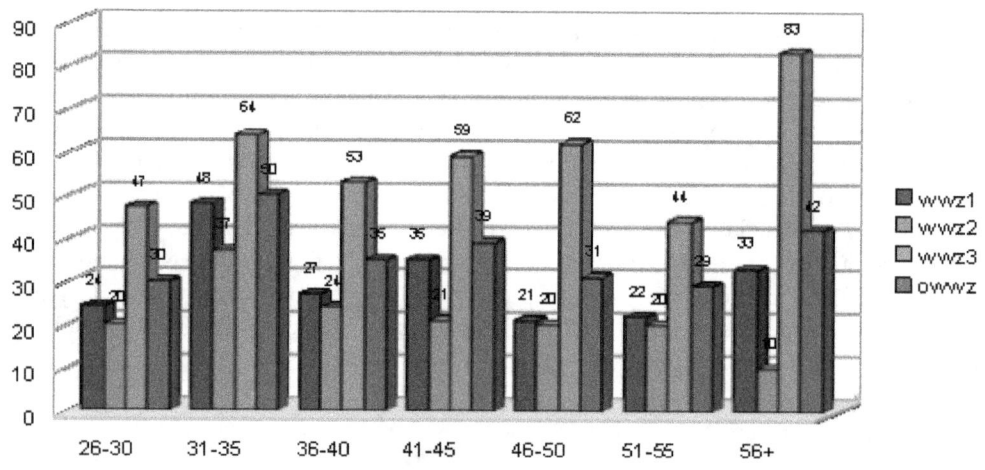

Ryc. 6. Zależność poczucia wypalenia zawodowego od wieku badanych w ośrodku trzeciego stopnia referencyjności (n=50).

Uzyskane wyniki wykazały zróżnicowanie zagrożenia wystąpienia syndromu wypalenia zawodowego w poszczególnych grupach wiekowych. Najwyższą wartość wypalenia emocjonalnego (WWZ1- 48) odnotowano w grupie wiekowej 31-35 (III°R), depersonalizacji (WWZ2-37) w tej samej grupie wiekowej (III°R) natomiast wskaźnik poczucia własnej wartości (WWZ3-83) uzyskała grupa położnych po 56 roku życia (III°R). Analogicznie największą wartość (WWZ1-38) zanotowano u kobiet w przedziale wiekowym 51-55(I°R), (WWZ2-33) w grupie 26-30 lat(I°R), natomiast największe osiągniecia osobiste (WWZ3-78) odniosły położne w wieku 51-55(I°R). Poddając analizie OWWZ można stwierdzić, iż najbardziej zagrożone wystąpieniem problemu są położne w wieku 31-35(III°R), oraz położne w wieku 51-55(I°R).

Analizie poddano także związek występowania objawów wypalenia zawodowego względem stażu pracy, co obrazują ryciny 7 i 8.

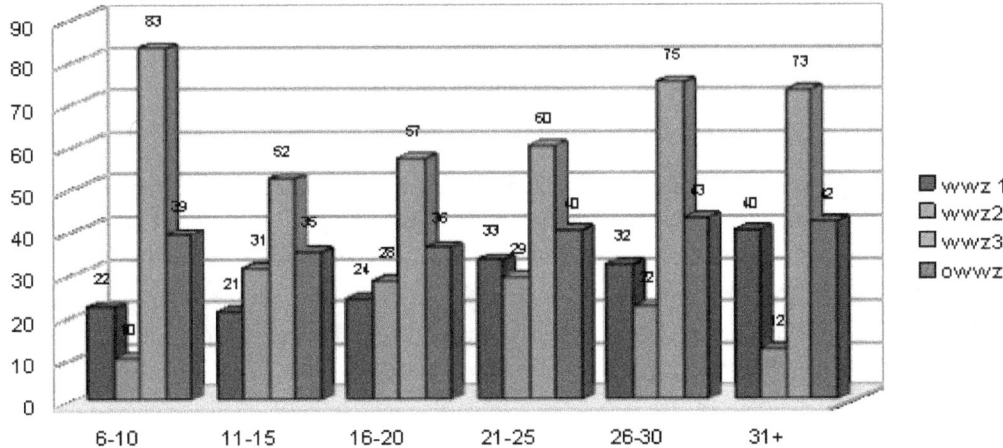

Ryc. 7. Zależność poczucia wypalenia zawodowego od stażu pracy w ośrodku pierwszego stopnia referencyjności (n=50).

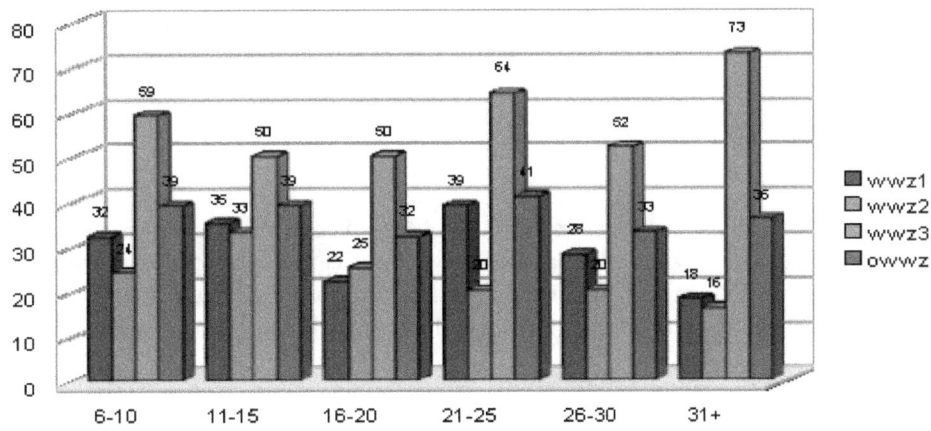

Ryc. 8. Zależność poczucia wypalenia zawodowego od stażu pracy w ośrodku trzeciego stopnia referencyjności (n=50).

Charakteryzując badane grupy pod względem stażu pracy najliczniejszą grupę (I°R 28%, III°R 24%) stanowiły położne ze stażem od 21 do 25 lat pracy. Nieco mniejszą grupę stanowiły położne pracujące od 26 do 30 lat (I°R 248%, III°R 18%). Najwyższy wskaźnik wyczerpania emocjonalnego wystąpił się w tej grupie stażu pracy w ośrodku pierwszego stopnia referencyjności (WWZ1-39) jak również najwyższy dla skali poczucia własnej wartości (WWZ3-64), depersonalizacji u położnych pracujących od 11 do 15 lat (WWZ2-33). Porównując zależności długości zatrudnienia i poczucia wypalenia w ośrodku trzeciego stopnia referencyjności najwyższą wartość wyczerpania emocjonalnego (WWZ1-40) odnotowano wśród kobiet pracujących powyżej 31 lat, depersonalizacji (WWZ2-31) w grupie pracujących od 11 do 15 lat, natomiast najwyższy wskaźnik satysfakcji zawodowej (WWZ3-83) w grupie ze stażem od 6 do 10 lat pracy. Biorąc pod uwagę ogólny wskaźnik wypalenia zawodowego (OWWZ -41) najbardziej zagrożone są położne ze stażem od 21 do 25 lat (I°R), oraz grupa położnych zatrudnionych od 26 do 30 lat (III°R) OWWZ-43.

*Wnioski*

Przeprowadzona analiza uzyskanych wyników badań pozwoliła na sformułowanie następujących wniosków:

1. W badanej grupie w ośrodki o pierwszym i trzecim referencyjności reprezentowane były przez położne legitymujące się dużym doświadczeniem zawodowym, powyżej 21 lat pracy.
2. Symptomy wypalenia zawodowego występują u położnych niezależnie od stopnia referencyjności ośrodka w którym pracują.
3. Większą satysfakcję zawodową osiągają położne pracujące w ośrodku o trzecim stopniu referencyjności świadczonej opieki położniczo-ginekologicznej.
4. Najwyższy ogólny wskaźnik wystąpienia wypalenia zawodowego wystąpił wśród położnych w dość młodym wieku od 26 do 35 lat, pracujących w ośrodku o niższym stopniu referencyjności.
5. Na podstawie wartości ogólnego wskaźnika wypalenia zawodowego w ośrodku pierwszego stopnia referencyjności narażone są na jego wystąpienie położne z niższym stażem pracy (21 – 25 lat) w porównaniu do stażu pracy położnych (26 do 30 lat) pracujących w ośrodku o wyższej referencyjności także najbardziej narażonych na wystąpienie objawów wypalenia zawodowego.

*Dyskusja*

Mimo, iż znaczenie pojęcia wypalenia zawodowego nie uległo zmianie to współcześnie nabrało innego wymiaru. Bowiem obraz funkcjonowania zawodowego pielęgniarki czy położnej wiąże się przede wszystkim opieką nad pacjentem/tką na tle ogromnego rozwoju nauk medycznych, postępu technologicznego i informatycznego, co skutkuje wdrażaniem nowych standardów, procedur, algorytmów opieki.

Jednak kluczowym zagadnieniem jest stosunek pracowników ochrony zdrowia do pacjentów, z jednej strony, realizując opiekę medyczną muszą kierować się profesjonalizmem dystansując się emocjonalnie od sytuacji zdrowotnej indywidualnego pacjenta, a z drugiej wczuwając się w jego trudną sytuację okazując współczucie.

Już w latach 60 opisano przypadek występowania wypalenia zawodowego u pielęgniarki psychiatrycznej Miss Jones. Na skutek przeciążających sytuacji w pracy i działania licznych stresorów zaczęła ona odczuwać zmęczenie, z czasem pojawiło się wyczerpanie psychiczne i fizyczne, niechęć wobec pacjentów oraz brak zadowolenia i satysfakcji z wykonywanych zadań. Opisane symptomy współcześnie taktuje się, jako osiowe dla zespołu wypalenia [5].

Wspomniane w pierwszej części pracy komponenty (stadia) mogą występować łącznie lub pojawiać się kolejno u poszczególnych osób, które najczęściej zupełnie nie są świadome narastającego problemu, którego źródeł należy się doszukiwać wyłącznie w środowisku zewnętrznym (czynniki sytuacyjne, społeczne, organizacyjne) [6].

Wykonywanie zawodu położnej daje radość oraz satysfakcję, ale jest też źródłem stresujących sytuacji, w obliczu, których położna jest zdana sama na siebie. Niewątpliwie praca położnej jest tą, która wymaga dużej odporności na stres. Sprawując opiekę położniczą wobec kobiety w każdym okresie jej życia w stanie zdrowia i choroby oraz wobec noworodka, a także rodziny położne narażone są na chroniczny stres.

Dużym obciążeniem wywołującym stres i napięcie emocjonalne w pracy położnej jest konieczność dokonywania wyborów o charakterze moralnym. Rozwiązując dylematy etyczne odwołują się do przekonań i odczuć dotyczących tego, co uważają za dobre i słuszne w świetle wartości i zasad moralnych, według których należy postępować [7].

Położne w obu badanych ośrodkach posiadały duże doświadczenie zawodowe ponieważ ponad połowa (62%) w GR I legitymowała się stażem pracy ponad 20 lat a w GRII o 10 % mniej. We wskazanym odsetku w obu grupach 10% położnych pracowało ponad 31 lat. Można zatem przyjąć, że w rozwiazywaniu problemów zdrowotnych badane miały zbliżony kontakt z pacjentkami jednak różnić się on może ciężarem gatunkowych ze względu na zakres działania.

Jednak wyniki nie potwierdziły zależności występowania objawów wypalenia zawodowego w stosunku do czasu pracy, bowiem najwyższy ogólny wskaźnik wypalenia zawodowego stwierdzono wśród położnych młodych w wieku 26 do 35 lat, które rozpoczynają rozwój zawodowy i można by przypuszczać powinny posiadać umiejętność budowania ścieżki własnego rozwoju. Za czynnik demobilizujący podawały niskie zarobki, które wpływają na niski status społeczny mimo systemu kształcenia stwarzającego możliwości posiadania licencjata , ukończenia studiów magisterskich i podnoszenia kwalifikacji zawodowych. Natomiast poczucie wypalenia zawodowego subiektywnie stwierdzają położnej pracujące powyżej 20 lat . Analiza porównawcza występowania badanego zjawiska wśród położnych w dwóch ośrodkach o skrajnych stopniach referencyjności wykazała niewielki wzrost w na korzyść trzeciego stopnia, zatem można stwierdzić, ze poziom referencyjności ma wpływ na występowanie wypalenia zawodowego.

W badaniach prowadzonych pod kierunkiem Bączek G. wykazano , że na wypalenie zawodowe najbardziej narażone są położne pracujące w ośrodkach o II stopniu referencyjności, co nie oznacza, ze to właśnie one najczęściej zdradzają objawy wypalenia. Wykazano związek występowania tego zjawiska od stopnia referencyjności [8].

Podobną zależność wykazano w badaniach jednak autorki wykazały związek występowania wypalenia zawodowego z pracą w ośrodku o II stopniu referencyjności.

W literaturze przedmiotu podkreśla się znaczenie posiadania rodziny jako czynnika rozładowania napięcia i stresu związanego z pracą. Ankietowane prawie w takim samym procencie w zdecydowanej większości funkcjonowały w rodzinie. Jednak należy podkreślić, że zdarza się przenoszenie niezadowolenia i braku satysfakcji z pracy zawodowej na rodzinę stając się źródłem napięcia właśnie dla członków rodziny. Jest to jeden z wielu objawów wypalenia zawodowego.

Konkludując należy kształtować umiejętności radzenia sobie ze stresem w warunkach pracy już na poziomie zdobywania zawodu, a następnie doskonalić te umiejętności w formie kursów oraz szkoleń organizowanych przez pracodawcę. Stwierdza się wyraźny brak wsparcia psychicznego oraz pomocy w rozwiązywaniu problemów zawodowych personelu pielęgniarskiego i położniczego przez przełożonych, czy psychologa niezależnego od placówki medycznej, którego porady są bezpłatne. Najłatwiej i najczęściej skutkiem jest tzw. "wyrok za niedoskonałość lub popełnienie błędu". Nie ma zwyczaju w organizacji pracy w oddziałach grupowego omówienia problemów, szukania przyczyn i wskazania drogi rozwiązania problemu.

*Piśmiennictwo*

1. Jakubowska-Winecka A.Zespół wypalenia zawodowego. W: Jakubowska-Winecka A., Włodarczyk D. (red). Psychologia w praktyce medycznej. Warszawa, Wydawnictwo Lekarskie PZWL 2007
2. Wilczek-Rużyczka E.Wypalenie zawodowe a empatia i lekarzy i pielęgniarek. Kraków, Wydawnictwo Uniwersytetu Jagielońskiego,2008, 16-17
3. Noworol Cz. Zespół wypalenia zawodowego u pielęgniarek pracujących na zmiany. W: Iskra-Golec J, i wsp. (red). Stres pracy zmianowej. Universitas Kraków 1998
4. Fengler J. Pomaganie męczy, Gdańsk 2000, 91-92.
5. Tucholska S. Wypalenie zawodowe w ujęciu strukturalnym i dynamicznym. Instytut Psychologii KUL, www.kul.pl/files/37/www/Wypalenie_materialy.doc z dnia 25.02.2013r.
6. Bakker A, Demeronti E, Schanfeli W. Validation of the Maslach burnout inventory – general survey: an internet study. Anxiety, Stress and Coping. 2002, 15, 245-260
7. Iwanowicz-Palus G. Uwarunkowania zespołu wypalenia zawodowego. W: Makara-Studzińska M, Iwanowicz-Palus G. (red). Psychologia w położnictwie i ginekologii. Warszawa, Wydawnictwo Lekarskie PZWL 2009, 46-70
8. Kapuścińska I, Otowska J, Bączek G. Wypalenie zawodowe położnych. Położna, nauka, praktyka. 4/2008 41.

# Relational approach to *identity* in Freud's psychoanalysis: ethical limits of "expressing oneself"

*Katarzyna Szmaglińska*

Psychoanalysis has many opponents – it is considered not only as naturalistic theory [1, 2], but is also accused of encouraging to unlimited self-expression – which is seen as culturally and socially destructive [3]. This attack comes from the fact, that Freud accepts the hypothesis of unconscious mental processes, agrees that the mind is not transparent to itself, that is conditioned. This means that the *ego* is not completely conscious of everything (the identity of *ego* is unstable). That fact leads to the questioning of independence of morality and to attempts to explain moral behavior by reference to natural causality. So usually in psychoanalytic theory the *ego* is not considered to be free (entity is dependent on the object of his desire[1]), it cannot therefore be regarded as moral (responsible). In this article I have chosen this reading of Freud's works to highlight things which constitute a universal anthropological model. I would like to show that in Freud's thought we have not only the level of description but also a normative one. The psychoanalytic model can indicate certain moral limits for various forms of sexual and aggressive "self-expression" (the ego might be considered as potential free – this is the main aim of the development of psychic life).

Firstly, I would like to present that – based on the reconstruction of an Freudian anthropological model – we could agree that, in psychoanalytic theory identity is considered as unstable. The *ego* is not an entity or a substance (like for example in Cartesian model) but an array of relations and processes. Secondly, I would show – based on the reconstruction of the psychoanalytic therapy technique – that psychoanalytic therapy is a never-ending process of gaining self-knowledge: *ego* and *super-ego* act within a man in a partially unconscious manner, but, *ego* can take a stance both on itself and *super-ego*, can achieve self-awareness, which translates into self-control (Stoic-Epicurean notion of balance). The main goal of this process is to achieve the ability to formulate higher-order volitions. It is the best confirmed by dialectical interpretation of psychoanalysis by Jon Mills [4] and by Alfred I. Tauber describing psychoanalysis as moral theory [5]. Freud not only presents a descriptive model of mental life, but also shows the goals of mental life: not narcissistic love among people and reduction of suffering. In the context of determining the limits of human sexuality

---

1   The drive which is considered without his object (a person or an idea) is an biological power (instinct).

(and aggression) it is more or less consistent with the rulings of modern psychiatry and sexology standards expressed in the formula of partnership [6].

According to Freud, the mechanism of the formation of identity is the Oedipus complex – the theory of the crisis of childhood, which is constitutive of the human condition [7][2]. Freud suggests that, this is the mechanism through which the biological/psycho-sexual being becomes a moral – a member of the society. On the right interpretation, this theory describes all people. In its "simplified form" the child will be attracted erotically to the parent of the opposite sex; and will identify with the same sex parent – such kind of identification is the "earliest expression of an emotional tie with another person" [8, p. 179]. Of course, the erotic interest in children is not the same interest as in adults – it's not directed to reproduction but to get pleasure – different types, not only genital pleasure [9]. In Freud, term: *erotic* is understood broadly as the enjoyment of the whole body, of the different parts of the body. So the little boy has erotic feelings towards his mother and wants be his father; the little girl wants to identify with her mother and has erotic feelings towards the opposite sex parent. These emotions coexist, but eventually the child sees the same-sex parent as an obstacle to having the other parent and develops hostile feelings towards the same-sex parent. Overall, then, as is stressed by Lear, the child's relation to the same-sex parent is ambivalent [8]. This is the familiar structure of the Oedipus complex – and Freud basically admits that it never occurs [7]. What actually occurs, Freud thinks, is more complicated. This issue is not usually undertaken by researchers of Freud's thought.

The child, as it is stressed by Freud, will also typically have erotic feelings towards the same-sex parent and will identify with the parent of the opposite sex. In this version, for example, the little boy would like to be his mother and have erotic feelings towards his father, would like to be his father and have erotic feelings towards his mother. This is so called full-blown Oedipus complex [7]. If we translate it on the language of philosophy can be concluded that Freud describes "emotional ambivalence towards all the important people in one's environment" [8, p. 182].[3]

What are the philosophical implications of this? Usually Freud is seen as a biological determinist [2]. Biological determinism is the hypothesis that biological factors completely determine how a system behaves or changes over time; that biological differences between sexes organize human psychosocial life. So for the biological determinist masculinity and femininity is an innate characteristic. But even if men and women have different bodies, different sex organs we may ask what does it mean at the level of psychosocial? Dividing mankind into two sexes may seen natural and obvious when taking into account biological predispositions, but there is no doubt that it is not a man or woman, but the man who conceives himself as a man or the woman who conceives herself as a woman. In Freud, one has to identify himself with someone or something to get his psychosocial identity (this is unconscious process). Besides one has to interpret one's physicality (children castration fantasy). Since according to Freud the child identifies with both parents, Freud could no longer be seen as a biological determinist[4]. Child identifies with both parents, with femininity and with masculinity. So man has becoming a man or woman, femininity or masculinity is not innate. In Freud, we have a distinction between sex (sex biologically specified) and gender. Gender denotes sex as socially and culturally shaped; is a contract, depending on culture, education. In Freud, gender may or may not be determined by sex. This mechanism of identity (including gender identity) makes that the identity is always unstable. Besides Freud suggests that the child represses his unconscious feeling with because of fear of lack of love (in some interpretations of the fear of social rejection [10]. In this reading, the *ego* is not an entity or a substance (like for example in Cartesian model) but an array of relations

---

[2] In this context, empirical studies on the Oedipus complex are not important, since I am going to discuss psychoanalysis as a certain anthropological model.

[3] This agrees with the theory of *Eros* and *Thanatos*.

[4] Kazimierz Pajor thinks that Freud is a biologist [2].

and partly unconscious processes. The *ego* is constituted by the culture, the most important persons encountered in life (*super-ego*), close environment. This means that a person expresses some random reality in which he lived (man is the resultant of the expectations of others) – it is hard to blame man for an independent life circumstances that determine his choices. According to Freud, neurotic is someone who fails to successfully resolve the Oedipus complex, who is in an emotional dependence on parents (his *super-ego* is "personal") – is someone who passively meets the expectations of others. In his opinion all people are more or less neurotic [11, p. 397]. It is a descriptive level, let's move on to the level of normative.

Freud describes psychoanalysis as the work during which repressed psychical content becomes conscious [12, 11] – so psychoanalytic therapy is psychosynthetic process, a never-ending process of psychosynthesis of *ego* and *non-ego* (a never-ending process of gaining self-knowledge). A certain type of unconsciousness, ignorance about psychical processes, which should become transparent for an individual Freud defines as *illness*. Illness is a weakening of *ego*, when ego cannot sustain its structure and autonomy due to internal conflicts [11]. As we see, Freud includes ethical value judgments into his draft of the development of the psychic life [11, 7]. The aim of psychic life is to make consciousness what is unconsciousness – some kind of autonomy *ego* (the ability to formulate higher-order volitions). As rightly observed by Tauber [5] Freud rejected "philosophy," but in fact psychoanalysis rests upon a basic Kantian construction: Freud divided the mind between an unconscious (grounded in the biological), and a faculty of autonomous reason, lodged in consciousness and free of natural forces to become the repository of interpretation and free will. Tauber adds that herein lies the philosophical foundation of psychoanalytic theory, a paradox in which determinism and freedom are conjoined. But in my opinion there is something more – Freud writes about it in a suggestive way. In his opinion, psychoanalytic therapy is not new, because also the philosophy of Socrates was a way of re-orientation through self-knowledge [11]. A specific Freudian method to achieve this self-knowledge is new – the psychoanalyst helps patients realize the forces acting on them – both blocking them and constructive, helping them to fight off the first and second to mobilize. Freud argues that consciousness does not mean having the information, but the knowledge [11]. This kind of knowledge must meet one requirement: cannot be the intellectual knowledge, but it should be turned into an emotional experience. Patient must feel and be conscious of specific ways in which these factors operate in him, and specifically as manifested in his own life, past and present – this entails responsibilities for himself and his actions (becomes self-conscious and free, can choose from a variety of options and control himself, can formulate higher-order volitions – but this morality is closer to the concept of philosophy of dialogue than to Kantian theory). The pathogenic conflict must become normal (a solution must be found, the patient himself should consciously find it). Lear rightly suggests that the *super-ego* is formed "via unconscious process of identification in order to avoid angry feelings towards the parent" [8, p. 189]. In his opinion "the transformation of *super-ego* during the therapy came about in more or less the same way as the *super-ego* was originally formed: during the course of the analysis, the analysand identified with her benign analyst" – and this is still, according to him, an infantile solution to an infantile problem" [8, p. 188]. It is difficult to agree with this. Freud writes that the analyst should be neutral, he should not interfere into completing the treatment – is important that the patient could take independent, conscious decisions: the *super-ego* must become non-personal [13].

We can of course ask some legitimate questions: in that case, the patient should open without restriction to the demands of desire? Whether it is a health? Whether is this a sense of the analysis – to add the patient courage to reject the commonly accepted customs, which are for the patient the source of problems? To answer this question we will have to consider what is the purpose and technique of analysis. Freud writes that the *ego* is autonomous when can carry out important life tasks, and is able to work and take pleasure in life, when can use its best and loftiest (in my opinion – moral) powers [11]. In the model of Freudian psychology the *ego* is mostly unconscious, consciousness is a fragile state, continually threatened in its existence. Awareness of human activity can assign motivations that appear to be functional rationalizations which are ruled by the pleasure principle. The process of integrating the psyche of some unconscious content is thus progressing to the next, you can say that a higher stage of development. If the patient opens to demands for the drive, neurotic conflict won't disappear – strong super-ego will start tormenting the ego and will cause other symptoms. The pathogenic conflict must become normal, patient must find a solution and must take responsibility for the choice.

In this model, the identity can no longer be understood as linked only to a conscious knowledge (like in Cartesian model). Taking into account the difference of different degrees of consciousness, the falsification of consciousness we must to reference to the relational approach to the problem of identity. In this sense, the identity is relation between of human consciousness (which might be simply an illusion) and the truth of oneself, which must to be reached in the process of psychosynthesis *ego* and *non-ego*. The model takes into account the development of the psychic life, at the level of heuristic model (*id, ego, superego*), as interpreted by the dialectic [4], all instances of the soul are one and the same, the level of self-knowledge, a sense of unity with the not-self is a human task which can be achieved through psychoanalytic practice.

Referring to the Freudian heuristic model of psychic life we can add that in a never-ending process of psychosynthesis *ego* and *not-ego* man may discover that he is a part of the whole universe, that is constituted by the culture, the most important persons in his life encountered (*super-ego*), close environment. In *The Future of an Illusion* Freud writes about weakness of intellect to drives, but he suggests that the voice of intellect is quiet but it does not stop before it exacts obedience, which it gains finally, but after innumerable rebuffs [14]. According to Freud, we may assume that intellect will set itself the same aims whose fulfillment is expected from a variously conceived God, of course in human moderate dimension as far as it is permitted by external reality, therefore it will try to fulfill the postulate of love among people and reduction of suffering (due to the ability to formulate higher-order volitions). According to psychiatrists and sexologists sexually mature individual is someone able to recognize and to control the own behavior [6]. A due to employing specific technique facilitating psychosynthesis – which involves doubling of subjectivity, where new meanings may be formed, the analyst offers to a patient the possibility of emphatic understanding of others. The empathy nowadays is also understood more as a social perception (perception and understanding of social norms, coexistence) than a compassion [15, 16]. In this context, it's hard not to agree with Freud, that such internal reorganization protects man from evil commonly understood. If a man knows his own strength which are blocking his development, thus it has the knowledge about man and is able to recognize the forces that block the development of others people, encountered along his way. When is an entity that develops itself morally, it is difficult to expect that he might want to block the development of other people, to limit their freedom – unless they want to hurt somebody. If due to specific psychoanalytic technique, an empathy is born in man - man learns to respect the interests of other people, to love, then this carries consequences to the choice of partners or sexual practices. Nan-narcissistic, nonsymbiotic love leads to the thinking of the pleasure of a sexual partner – not just my own. Therefore it excludes pedophilia, bestiality, necrophilia or even other forms of sexual perversion, such as fetishism, narcissism, or automonoseksualizm. Freud's solution is consistent, in this interpretation, with the division between deviance and pathology in modern sexology and psychiatry (in some instances is even more restrictive). With therapy, the patient takes a third-person perspective, impartiality, freedom of choice, so is fully responsible for own choices. Not without reason, Butler and colleagues, writing about psychoanalysis is often cited, in this context, the theory of E. Lévinas, which examines the phenomenon of the meeting of two people as the cause of the newborn during the dialogue, a sense of responsibility [17]. In his interpretation, Tauber comes to a similar conclusion. This is similar to the ideal observer theory, with the proviso that in Freud's thought is emphasized the compatibility of rational choice with the feelings. In my view, psychoanalysis as a theory tries to show how a biological man becomes a moral being, as the child becomes an adult moral, and gains identity. It recognizes that the goal of therapy is freedom of choice. People might be afraid to undergo therapy, which stems from the fear of losing any value, however, it is the fear – In my opinion – completely unfounded. If that someone after therapy would be wrong, it just could mean that the analyst changed the neurotic at psychopath, turned one mental disorder for different, which means that the patient is not cured at all. Of course, such a situation can happen, but such a situation cannot be taken as an argument against psychoanalytical therapy, as well as medical malpractice is not affected by somatic medicine.

*References:*

1. Anzenbacher, A. Wprowadzenie do etyki. Kraków: Wydawnictwo WAM, 2008.
2. Pajor, K. Psychoanaliza Freuda po stu latach. Warszawa: Eneteia, 2009.
3. Kołakowski, L. Czy diabeł może być zbawiony i 27 innych kazań. Londyn: Aneks, 1984.
4. Mills, J. The I and the It. [in:] J. Mills (ed.): Rereading Freud. New York: State University of New York Press, 2004, pp. 127-164.
5. Tauber, A.I. Freud, the Reluctant Philosopher. Princeton: Princeton University Press, 2010.
6. Izdebski, Z. Rozwój seksualny [in:] Woynarowska, B. (ed.) Biomedyczne podstawy kształcenia i wychowania. Warszawa: PWN, 2010, pp. 245-289.
7. Freud, S. Das Ich und das Es. Metapsychologische Schriften. Frankfurt: Fischer Taschenbuch Verlag, 2010.
8. Lear, J. Freud. New York & London: Routledge, 2005.
9. Freud, S. Drei Abhandlungen zur Sexualtheorie. Leipzig und Wien: Franz Deuticke, 1925. Online: *http://archive.org/stream/Freud_1925_Drei_Abhandlungen_zur_Sexualtheorie_k#page/n3/mode/2up*
10. Butler, J. Gender Trouble. Feminism and the Subversion of Identity. New York & London: Routledge,1990.
11. Freud, S. A General Introduction to Psychoanalysis. Trans. G. S. Hall. New York: Boni and Liveright Publishers, 1922. Online: *http://archive.org/details/psychoanalysisin00freuooft*
12. Freud, S. Zur Technik der Psychoanalyse und zur Metapsychologie. Leipzig – Wien – Zürich: Internationaler Psychoanalytischer Verlag, 1924. Online: *http://archive.org/stream/Freud_1924_Zur_Technik_der_Psa_und_zur_Metapsychologie_k#page/n3/mode/2up*
13. Freud, S. Beyond the Pleasure Principle. Trans. G. C. Richter. Peterborough, Ontario, Buffalo, New York: Broadview Press, 2011.
14. Freud, S. Die Zukunft einer Illusion. Leipzig – Wien – Zürich: Internationaler Psychoanalytischer Verlag, 1928. Online: *http://archive.org/stream/DieZukunftEinerIllusion/Freud_1928_Die_Zukunft_einer_Illusion#page/n0/mode/2up*
15. Gładziejewski, P. Czy empatia jest symulacją mentalną? Dyskusja z podejściem reprezentacyjnym ugruntowanym w koncepcji neuronów lustrzanych. Diametros. 2011, no. 27 (March 2011), pp. 108-129. Online: *http://www.diametros.iphils.uj.edu.pl/?l=1&p=anr26&m=25&ii=25&ik=27*[2012-10.01]
16. Kapusta, A. Szaleństwo i metoda. Granice rozumienia w filozofii i psychiatrii. Lublin: Wydawnictwo Uniwersytetu Marii Curie-Skłodowskiej, 2010.
17. Butler, J. Giving an Account of Oneself. New York: Fordham University Press, 2005.

# The problem of mental health conditions in psychoanalysis of Sigmund Freud

*Katarzyna Szmaglińska*

One hundred years after psychoanalysis was developed, and after it was excluded from the realm of biological sciences [1, 2], there occurred interpretations which argued that Freud's thought was an anti-naturalistic concept, or a certain philosophy [3, 4, 5].[5] In my article, firstly, I would like to argue that, based on the analysis of source materials and the reconstruction of an anthropological model, we could advocate for an anti-naturalistic interpretation of psychoanalysis; secondly, I would suggest that Freudian anthropological assumptions are in agreement with a holistic (axiomatic) paradigm within the anti-naturalistic interpretation. This paradigm is more and more frequently discussed within bioethical circles according to which mental health is not only limited to efficient functioning of a biological system but is the state of dynamical balance of many systems, i.e. biological, psychical and social registers of functioning of an individual [6, 7]. When compared to Cartesian dualism[6] commonly criticized by philosophy of psychiatry, this model has an advantage, since the same disorder can be identified at neurological, cognitive and social registers.[7] To be more precise, a psychoanalytical concept of unconscious acts, having acknowledged that the body possesses subjective properties and physical and mental realities create certain organic whole, seems to be still valid, since it occurs now in the propositions employing the notion of embodiment or embodied mind[8] (e.g Shaun Gallagher's proposals) [8]. Theories of embodied

---

[5] Certainly, not as a theory which meets methodological criteria of being a philosophical theory, but as a theory which has the features of anthropology with metaphysical ambitions, i.e. as a system of propositions and postulates on human nature, fate and the order of being.

[6] Within Cartesian dualism, it is difficult to define what a mental illness is due to the fact that there is a very clear borderline between corporal and mental disorders within this paradigm (Andrzej Kapusta is of the opinion that some phenomena which are included into the concept of mental disease are of natural origin, e.g. Alzheimer's disease, whereas other, e.g. personality disorders, are not. Cartesian anthropology lacks considering the role of natural and social environments in ego development, and a formative function of not only the mind but also the body [8].

[7] This thesis results in a postulate of positive cognitive consequences due to mutual complementing of hermeneutics and empirical sciences (among other things, Aviel Goodman advocates for this) [8].

[8] The mind depends on the brain embodied in the world (nervous system, body and the environment undergo constant changes and influence each other.)

mind use phenomenological descriptions of human experience (the feeling of bodily strangeness, lack of embodiment) in order to detect and describe the mechanism responsible for the identity formation and disorders, as well as empathic or non-emphatic attitude to the social environment, which, according to the researchers, resembles a psychoanalytical concept expressed in probably the most famous Freudian concept: "the *ego* is not the master in its own house."[9]

At present, misunderstanding which resulted from wrong early translation of Freud's works is believed to be the main reason of attributing reductive materialism to psychoanalysis [10]. Freud used the word *Trieb* and not *Instinkt* [9, 11] when he wrote about human drives to distinguish them from animal instincts. However, German *Trieb* was translated into English as 'instinct.' Thus, Freudian psychoanalysis may seem to be an anachronic theory, or be a part of unequivocal biomedical (mechanistic) paradigm, when the idea of health and disorder is discussed. However, when Freud speaks about drives he does not mean instincts, which are unconscious, constant, and inborn, since a drive as a psychic representation of the biological is flexible and undergoes transformations [11], otherwise, all psychoanalytical procedures would be doomed to failure, or even nonsensical [5, 10].[10]

According to Freud, each drive has its aim (satisfaction, elimination of physiological excitement), its object (which enables the drive to achieve its goal), and source (a somatic phenomenon which is represented in the psychic life by a drive) [11]. It is an object, as it is stressed by Rosińska [12], an object, broadly understood, i.e. from a material external object, or one's own body to spiritual ideas, which determine the sense of a drive or desire and make it meaningful. Desire would lose its identity without an object, it would cease to be a desire, and would be reduced to an unoriented force or forces. It would cease to be a description of human activity and become a physical description of natural forces. The concept of the drive leads the body out of the sphere subjected only to biological description. This is in agreement with Freud's ideas since, contrary to some interpretations [13], for Freud, psychoanalysis was not a biological science but an auxiliary philosophical science of medicine. Psychoanalysis was supposed to discover common ground where the encounter of physical and psychical disorders would be comprehensible. Due to the discovery of the unconscious,[11] psychoanalysis was to achieve something which, according to him, either speculative philosophy, or descriptive psychology failed to achieve [14].

Thus, Freud's interest circled around a psycho-physical problem, however it exceeded it, namely, Freud wished to understand the nature of man and culture. Consequently and in agreement to Freud's intentions, psychoanalysis may be treated as an anthropological model, a system of propositions and proposals on human nature, fate, and position within the order of being. The Viennese psychoanalyst thought that the rules, whose operation he discovered within the psychical realm, are universal rules which govern the whole reality (Freud is considered to be a continuator of Empedocles's thought) [15]. The attempts to include psychoanalysis into the realm of philosophy result from the fact that Freud expressed the same thought, the same discovery using various languages, i.e. naturalistic and philosophical ones, when he tried to reach the essence of different phenomena. When referring to modern disputes over the definition of mental illness within medicine and psychiatry, it is worth emphasizing once again that researchers find it difficult to separate biological aspects from social and cultural ones, and the phenomenological or hermeneutical approach is regarded in this context as mutually complementary to the scientific (empirical) approach [8].

---

[9] I would like to remind that in German texts Freud used *das Es*, *das Ich*, *das Über-Ich* [9], and their translation into *id, ego, superego* was not very fortunate.

[10] In this context, empirical studies on the effectiveness of psychotherapy are not important, since I am going to discuss psychoanalysis as a certain anthropological model.

[11] Freud uses the term of *Das Unbewusste* and not *das Unbewust-sein* (unconscious being) [11, pp. 202-242].

Freud includes ethical value judgments into his draft of the development of the psychic apparatus [14, 9], which is of an enormous importance for understanding a psychoanalytical idea of "health" and "mental illness." *Ego* (the *I*) according to Freud, has to satisfy the demands resulting from three types of dependence, namely, dependence between *ego* and external reality, between *ego* and *id* as well as *super-ego*, so that an individual could carry out important life tasks, and was able to work and take pleasure in life [14, p. 396), as well as to use his/her best and loftiest powers [14, p. 334]. An individual is to become what he/she could become at the best, in the most favorable conditions [14]. "Illness", according to Freud, consists in weakening of *ego*, when it cannot sustain its structure and autonomy due to internal conflicts. "Illness" is a certain type of unconsciousness, ignorance about psychical processes, which should become transparent for an individual and be reflected on [14]. A harmful or useless act which evokes a person's complaint that it is an act against his/her will, and involves distress or suffering was called "psychic symptom" of a disease state by the father of psychoanalysis [14, p. 311]. At present, psychiatrists employ the term "mental aberration" to express similar meaning [8, p. 161]. When Freud tries to offer a psychoanalytical definition of mental illness, he includes a patient's attitude toward "illness." Harmfulness of symptoms consists in the fact that these acts require a certain amount of psychic energy, whereas this energy is at the same time needed to fight the symptoms. Such a situation can undoubtedly lead to impoverished personality and paralyzing important life tasks, and consequently it can hinder full development.

Freud recognizes unreasonable cultural requirements (strong, punishing *super-ego*), which make ego find certain sexual or aggressive desires disgusting, and thus deny them, as the cause of disrupting health-enhancing psychical harmony, and the cause of a conflict (neurosis) [14]. In such a situation, *libido* of a neurotic places itself in symptoms, and it is an unconscious process. Thus "illnesses of mind" are treated by Freud s deviation from psychosocial, legal or ethical norms but, as I am going to show later, a psychoanalytic plan of treatment does not intend to adjust patients to a proverbial "statistical average" but to free them from tormenting conflicts, including moral ones, in order that they could face up to responsibility for their choices, and be conscious and feel that these are "their own choices."

Most frequently, resolving conflict, i.e. creating a symptom, does not meet the requirements of life, and disturbs the use of an individual's best and highest powers, which leads to obvious suffering and frustration. Freud thinks that in such a situation one should engage in a fair fight with fate even if one could die in this fight [14], which additionally enhances the thesis that biological survival is not treated by Freud as the aim of development of human life. Freud leaves the space for man's freedom of choice, and shows that adaptive behavior, whose aim is a self-presentation of an individual, does not determine optimal development. It is not about adopting in order to ensure biological survival but about struggling with fate to realize the highest values, and in consequence to attain self-development at the highest registers, i.e. spiritual ones (self-awareness, freedom, which, of course, is never the absolute one). This results from accepting a three-part model of life where psychical life is presented as a structure, which is best confirmed by dialectical interpretation of psychoanalysis by Jon Mills. In this psychoanalytical description of dynamics of psychical life, his interpretation employs Hegelian concept of *Auhebung*. *Ego* and *super-ego* act within a man in a partially unconscious manner, however, *ego* can take a stance both on itself and *super-ego*, and in this way achieve self-awareness, which translates into self-control, the ability to formulate higher-order volitions [5].

The model of psychic apparatus allows to interpret Freud's proposition as non-naturalistic, namely, in the proposition which speaks about the freedom and the enslavement of a person, it is claimed that man is not a simple sum of his parts, which is contradictory to the thesis that Freud was a definite biological determinist, or reductionist.[12] The fact that Freud acknowledged that *ego* is a genetically better organized

---

12   What is important, according to Freud, the unconscious affects the consciousness, however also the consciousness affects the unconscious, both during phylo- and ontogenesis. To put it simply, it can be said that both biology and culture write the history of body in psychoanalytical discourse.

part of *id* which emerges from *id* due to the influence of external world, or to be more precise, due to unfulfillment, or a relation to lack [9], on the one hand justifies accepting by some researchers a dialectical description of this process. On the other hand, it suggests that in Freud's model, correspondingly to above-mentioned concepts of embodied mind, life dynamics of *ego* (the mind) depends on body, or corporeality[13] and the environment.

*Psychoanalysis* is the term Freud uses to describe the work during which repressed psychical content becomes conscious [11, 14]. To express it in a more descriptive manner, we can say that psychoanalysis is about filling up the gaps in memory, it is a psychosynthetic process [14]. Freud calls psychoanalysis pastoral work, but he emphasizes that there are no readymade standards into which a treated person can be forced [14]. The analysis should provide optimal psychological conditions for *ego*, thereby its tasks can be accepted as completed [15]. If analysts directed their patients normatively, they would repeat the parents' mistake, whose influence suppressed the child's independence, and one dependence would be replaced by another [11, 14]. The role of psychoanalysis is to cause *super-ego*, i.e. the heir of parental authority, to become non-personal [15].

One could get an impression that psychoanalysis should be prescribed to "ill" people. However, Freud argued that everybody can undergo psychoanalysis, since everybody is more or less "ill." It is worth stressing that "being ill" was for Freud only a "practical notion" [14, p. 311]. Stefan Opara thinks that this is a metaphor [16]. In his opinion, Freud wants to designate in this way universal conflicts of human psyche, which in ill people manifest themselves more distinctly and dramatically. In fact, Freud thinks that there are no distinct borderline between health and illness, there is no qualitative difference, only a quantitative one [14, 15]. In his opinion, from a theoretical perspective everybody is ill, which means that everybody is neurotic because the conditions of disease formation can be also found in "healthy" people [14, pp. 356-357, 293]. This thesis has important consequences for ethical discussion since Freud is against excluding ill people by the society, which considers itself healthy, only because they are to some extent different than the majority, but the differences are only quantitative and not qualitative ones. Speaking in the context of health conditions, it can be added that Freud is against a vision of health understood as a "statistical average."

Freud's claim that everybody is ill can be also interpreted as a belief that man will never be completely conscious of everything, the analysis will always be an unfinished task for man, and the identity will never be entirely stable [11]. "Healthy" persons are also partially unconscious, they also suppress things but these suppressions are of no practical importance in their lives [14, p. 311). The thing which differentiates a neurotic from a "healthy" person is the disability to work and lead a satisfying life. Since, according to Freud, the difference is quantitative and not qualitative one, it is the question of "free energy," and its free and conscious use. In such a sense, biological aims, i.e. survival and reproduction can be accepted by an individual, or society as superior, nevertheless it does not result from biological determination (species norms) but from the fact that a given individual, or society appreciates such values, which reveals culture-dependent and in a way subjective character of these norms.[14]

The aim of a therapy would be a situation when *ego* could fully control its structure, have an access to all parts of *id*, so that it could affect them. There is no natural hostility between *ego* and *id*, they are connected, and in a case of a healthy individual, it is practically impossible to differentiate one from another [9]. Thus, synthesis is the aim of therapy, which cannot be completed once and for all because life process is a constant threat for it. Freud observes that a cured neurotic it would be a person who would become such

---

[13] To differentiate from a body/organism studied by biological sciences, in the meaning of the body experienced by an individual, and mediated by the consciousness.

[14] This brings to mind the proposal of Bill Fulford [8].

a person as he/she could be at best, in the most favorable conditions, thus such a person who, employing Aristotelian language, would actualize his/her potential.

Considering the difference between the order of knowing (*ordo cognoscendi*) and the order of being (*ordo essendi*), it can be noticed that the unconscious is not ready for the subject (it is not Aristotelian substance), but it is in the order of being. However, it is impossible to grasp what it is since the unconscious escapes the logic which governs phenomena on whose basis it is assumed. It is something beyond cognition, it is a border condition of meaning, and using Kantian language we can say that it is an assumed thing in itself possible to be grasped in its representations, in a phenomenon. Referring to a heuristic model, it can be added that in self-knowledge, in a never-ending process of psychosynthesis of *ego* and *non-ego*, man can discover that he is a part of the whole, of the universe. He is a creature of culture, dependent on parents, formed by caregivers, and people around. A cured neurotic does not become another person, this is the same person but with a smaller amount of the unconscious and a bit bigger amount of the conscious than before [14]. When Freud writes in *The Future of an Illusion* about weakness of intellect to drives, he stresses that the voice of intellect is quiet but it does not stop before it exacts obedience, which it gains finally, but after innumerable rebuffs [17]. In his opinion, we may assume that intellect will set itself the same aims whose fulfillment is expected from a variously conceived God, of course in human moderate dimension as far as it is permitted by external reality, therefore it will try to fulfill the postulate of love among people and reduction of suffering.

Thus the aim of therapy, or psycho-synthesis of *ego* and *non-ego*, is to make intellect set itself aims, which then would offer man the ability to reduce suffering and to fulfill the postulate of love (non-narcissistic and non-symbiotic). However, due to employing a specific technique facilitating psycho-synthesis, this morality is closer to the concept of philosophy of dialogue than to Kantian philosophy.

We can ask if self-analysis would not be enough in the healing process? Why do we need an analyst?[15] Actually, we need his/her unconscious treated as an "organ of perception," an analytical organ which is supposed to know how to convert the derivatives it receives from the unconscious into the unconscious that determines a patient's associations [11]. Freud could not make use of introspection, thanks to which it is possible to study the consciousness since, as it is aptly emphasized by Leder [3], the unconscious is not available for introspection. The creator of psychoanalysis realized that no man could be a subject and simultaneously be outside the subject, as you cannot get yourself out of deep water by pulling your own hair. Thus a specific technique which involves doubling of subjectivity, where meanings are formed, resulted from Freud's theoretical construct, the technique which introduces otherness, i.e. the unconscious [3]. In this way, the unconscious of a psychoanalyst can work with the unconscious of a patient during psychoanalysis. Thanks to combining the emotional engagement of a patient with a detached attitude of an analyst, who offers to a patient an insight into his/her own drives, the aim of a therapy can be achieved. This double cognitive perspective offers to a patient new perspectives which allow the patient to fracture his/her identity determined by "the fate of drives," and the attitude to the world without falling into madness, or psychosis.

The therapy is about a new psychosynthesis, which takes place on the ruins of what was demolished, and therapeutic relation is indispensable in this process. An analyst offers explanations, and constructs which enunciate patient's behavior, and in consequence he/she enables a patient to self-observe and distance him/herself from oneself, which is a condition of psychosynthesis [19]. On the other hand, it can be believed that on a narrative level of the patient who tries to include an unconscious desire into

---

[15] Karen Horney allows a certain possibility of self-analysis but as supplementation of treatment or its continuation [18].

his/her identity, other's understanding is limited, and depends on the context of socio-cultural beliefs which are discussed by a rational person during therapy. Alfred Schütz, representing modern philosophy of psychiatry, rejects the possibility of empathic understanding of others, and advocates for understanding and sharing by people who enter a dialogue of the rules of social coexistence [8]. What is more, philosophers of psychiatry think that understanding others is limited by socio-cultural beliefs and values, and the aim of understanding is not to reconstruct intentions of others but (dialogical) engagement into the possibility of new understanding and creating different meanings. Freudism combines in one theory all these perspectives, and this "organ of perception," which is called empathy, mystic participation or a hermeneutical tool by Rosińska [12, p. 134], is nothing else but this ability to form other meanings.

Freud was not a philosopher and that is why his deliberations on the conditions of health and illness are a little dissatisfying because, for example, of conceptual confusion and excluding many problems related to this subject, and due to being entangled into ideological conditions of the epoch in which Freud lived.[16] However, there is no doubt that Freud by questioning the sense of using the notion of "mental illness" and curing with "talk", was one of the first people who began to treat subjectively patients with mental disorders, and in this way initiated a holistic approach to a patient. Some historians of psychiatry think that psychoanalysis, apart from the fact that it has been displaced by medical sciences (which not necessarily annuls its self-development), is treated as "an artifact of a certain epoch" mainly because it satisfies the needs of self-knowledge or inner insight, which are becoming less and less important in our times [20, p. 166]. Freud as an insightful observer of human behavior tried to prove that in many cases different disorders, including bodily disorders (e.g. sexual ones), are not isolated phenomena. On the contrary, the disorders originated in biographically superstructured psychic conflicts of a given person as well as in interpersonal conflicts. Today, these conclusions are still relevant, and what is more, they are in agreement with a so called holistic (axiomatic) paradigm.


*References:*

1. Grünbaum, A. The Foundations of Psychoanalysis: A Philosophical Critique. Berkeley, CA: University of California Press.
2. Dufresne, T. Against Freud: Critics Talk Back. Stanford: Stanford University Press, 2007.
3. Leder, A. Nauka Freuda w epoce „Sein und Zeit". Warszawa: Aletheia, 2007.
4. Tauber, A.I. Freud, the Reluctant Philosopher. Princeton: Princeton University Press, 2010.
5. Mills, J. The *I* and the *It*. [in:] J. Mills (ed.): Rereading Freud. New York: State University of New York Press, 2004, pp. 127-164.
6. Chańska, W. Nieszczęsny dar życia. Filozofia i etyka jakości życia w medycynie współczesnej. Wrocław: Wydawnictwo Uniwersytetu Wrocławskiego, 2009.
7. Hołub, G. Etyczna problematyka chorób przewlekłych. Medycyna Praktyczna. 2007, no.2.
8. Kapusta, A. Szaleństwo i metoda. Granice rozumienia w filozofii i psychiatrii. Lublin: Wydawnictwo Uniwersytetu Marii Curie-Skłodowskiej, 2010.
9. Freud, S. Das Ich und das Es. Metapsychologische Schriften. Frankfurt: Fischer Taschenbuch Verlag, 2010.
10. Bettelheim, B. Freud and Man's Soul. New York: Vintage Books, 1984.
11. Freud, S. Zur Technik der Psychoanalyse und zur Metapsychologie. Leipzig – Wien – Zürich: Internationaler Psychoanalytischer Verlag, 1924. Online: *http://archive.org/stream/ Freud_1924_Zur_Technik_der_Psa_und_zur_Metapsychologie_k#page/n3/mode/2up*
12. Rosińska, Z. Freud. Warszawa: Wiedza Powszechna, 2002.

---

[16] In my article, I have chosen this reading of Freud's works to highlight things which constitute a universal anthropological model, which is justified in a heuristic model, and leaving aside these theses which obviously lacked solid justification.

13. Pajor, K. Psychoanaliza Freuda po stu latach. Warszawa: Eneteia, 2009.
14. Freud, S. A General Introduction to Psychoanalysis. Trans. G. S. Hall. New York: Boni and Liveright Publishers, 1922. Online: *http://archive.org/details/psychoanalysisin00freuooft*
15. Freud, S.. Beyond the Pleasure Principle. Trans. G. C. Richter. Peterborough, Ontario, Buffalo, New York: Broadview Press, 2011.
16. Opara, S. Nurty filozofii. Warszawa: Iskry, 2005.
17. Freud, S. Die Zukunft einer Illusion. Leipzig – Wien – Zürich: Internationaler Psychoanalytischer Verlag, 1928. Online: *http://archive.org/stream/DieZukunftEinerIllusion/Freud_1928_Die_Zukunft_einer_Illusion#page/n0/mode/2up*
18. Horney, K. Self-analysis. New York: Norton, 1942.
19. Ottenheimer, L. Some Considerations on Moral Values and Psychoanalysis [in:] S.C. Post (ed.) Moral Values and Superego Concept in Psychoanalysis. New York: International Universities Press, 1972, p. 240-243.
20. Shorter, E. A history of Psychiatry: From the Era of the Asylum to the Age of Prozac. New York: John Wiley & Sons, 1997.

# Problematyka prawna dopuszczalności wystawiania recept przez lekarzy: bez wizyty pacjenta oraz dla siebie i rodziny.

*Danuta Jadamus – Niebrój*

Konieczność wypisywania recept lekarskich na nabycie niektórych substancji medycznych jest podyktowana potrzebą kontroli ich stosowania w zakresie zarówno ilości środka farmakologicznego, jak i jednostki chorobowej, w której jest on aplikowany przez pacjenta. Zwykle są to substancje silnie działające na organizm człowieka i zażywane w nieuzasadnionych przypadkach i niewłaściwych dawkach mogą powodować trwałe zmiany w ustroju pacjenta. Do leków przepisywanych na receptę zalicza się między innymi antybiotyki, silne leki przeciwbólowe, substancje działające na ośrodkowy układ nerwowy, leki hormonalne, stymulujące układ krążenia i wiele innych. Na uwagę zasługuje fakt, że potrzeba kontroli stosowania pewnych grup substancji farmakologicznych wynika nie tylko z ich toksycznego (w niewłaściwych dawkach i błędnych wskazaniach) działania na organizm pacjenta, ale z ochrony ich skuteczności. Taką grupą leków są antybiotyki. Na podstawie wyników wielu przeprowadzonych badań zleconych przez miedzy innymi Światową Organizację Zdrowia stwierdzono, iż nadużywanie tych środków przez pacjentów przyczyniło się do wzrostu lekooporności wielu popularnych i niejednokrotnie niebezpiecznych szczepów bakteryjnych. Od lat w kręgach medycznych podnosi się kwestie antybiotykoterapii w banalnych infekcjach wirusowych oraz niewspółmiernie krótkiego w stosunku do potrzeb okresu leczenia tymi lekami. Skutkiem tych działań gwałtownie zmniejsza się wrażliwość drobnoustrojów na antybiotyki, co z kolei wymusza stosowanie silniejszych i bardziej złożonych substancji chemicznych celem ograniczenia zakażenia. W tym miejscu podkreślić należy, że przemysł farmaceutyczny ma ograniczone możliwości w zakresie produkcji poszczególnych związków chemicznych o działaniu bakteriobójczym i bakteriostatycznym. Farmakolodzy alarmują, że w przypadku braku podjęcia zdecydowanych kroków mających na celu ograniczenie antybiotykoterapii, na przestrzeni następnych kilkudziesięciu lat medycyna stanie się znów bezbronna wobec zakażeń bakteryjnych. Odrębnym problemem jest niekontrolowane stosowanie przez pacjentów leków przeciwbólowych oraz działających na ośrodkowy układ nerwowy. Leki te zażywane przez dłuższy czas powodują uzależnienie organizmu. Zmusza to pacjenta do kontynuacji „terapii" i stosowania większych niż zalecane dawek. Z biegiem czasu objawy abstynencji u pacjenta są tak silne, że nie jest on w stanie nie tylko czynnie uczestniczyć w życiu społecznym, pracować, ale także wykonywać podstawowych czynności niezbędnych do prawidłowego funkcjonowania. Z powyższego wynika, że szczególne substancje farmakologiczne powinny być pod ścisłą kontrolą i wydawane pacjentowi jedynie za okazaniem recepty lekarskiej.

Obecnie obowiązują jasne zasady wystawiania recept przez lekarzy, które zostały podane w rozporządzeniu Ministra Zdrowia z dnia 17.05.2007r. (Dz.U. Nr 213, poz. 2164). Receptę może wystawić lekarz, który uprzednio zawarł umowę na wystawianie recept z Narodowym Funduszem Zdrowia. Wówczas NFZ przyznaje mu pewien zakres liczb, który będzie identyfikował tego właśnie lekarza. Dopiero wtedy przedstawiciel placówki zdrowia, w której zatrudniony jest podmiot mający prawo wystawiać recepty dostarcza recepty lekarzowi. Innym rozwiązaniem jest stworzenie lekarzowi możliwości wydruku recept podczas ich wystawiania. Lekarze mający umowę z Narodowym Funduszem Zdrowia w zakresie wystawiania recept „pro auctore" i „pro familia" po otrzymaniu zakresu identyfikujących ich liczb, drukują recepty we wskazanych przez NFZ drukarniach (1).

Zgodnie z obowiązującym rozporządzeniem Ministra Zdrowia osoba wystawiająca receptę zobowiązana jest do jej wypisania pismem czytelnym. U dołu druku należy postawić pieczątkę i złożyć własnoręczny podpis. W przypadku dokonywania poprawek na druku recepty, przy każdej poprawce należy dodatkowo przystawić pieczątkę i podpis osoby wystawiającej receptę. Stosując się do wymogów Narodowego Funduszu Zdrowia na każdym druku recepty należy umieścić dane pozwalające zidentyfikować pacjenta: a więc jego imię i nazwisko, pesel, adres zamieszkania – zwracając uwagę, aby na druku nie znalazły się skróty nazwy miejscowości. Każdy druk recepty posiada kod kreskowy pozwalający na identyfikację osoby wystawiającej receptę. Prócz tego lekarz ma obowiązek na swojej pieczątce umieścić swoje imię i nazwisko oraz numer prawa wykonywania zawodu. Przy wypisywaniu recept dla siebie lub rodziny na pieczątce niezbędne jest umieszczenie adresu i numeru telefonu lekarza, jak również wpisu „pro authore" lub „pro familia". Zawsze osoba wystawiająca receptę musi pamiętać o umieszczeniu daty wystawienia druku, bo ona warunkuje ważność recepty (2). Pacjent wypisaną receptę powinien zrealizować w terminie do 30 dni od daty jej wystawienia. Termin ten może ulec zmianie gdy: recepta wystawiona jest w oddziale pomocy doraźnej lub obejmuje antybiotyki (wówczas termin realizacji wynosi 7 dni), druk recepty wystawiony jest na leki sprowadzane z zagranicy (wtedy jest ona ważna do 120 dni), lub podmiot uprawniony do wystawiania recept zlecił wykonanie preparatów immunologicznych indywidualnie dla danego pacjenta (okres ważności druku wynosi do 90 dni). Zasadniczą częścią recepty są dane dotyczące środka leczniczego lub wyrobu medycznego. Dane te obejmują: międzynarodową lub handlową nazwę leku, postać leku (głównie w przypadkach, gdy dany lek jest produkowany w różnych postaciach – syropu, zawiesiny, tabletek itp.), dawkę leku i ilość leku. W szczególnych przypadkach na recepcie należy także umieścić sposób dawkowania. Należy to zrobić wtedy, kiedy przepisuje się pacjentowi większą ilość leków (np. do 3 miesięcznego stosowania), lek gotowy, który zawiera w swoim składzie środek odurzający lub substancję psychotropową, jak również wtedy, kiedy przepisuje się pacjentowi lek recepturowy zawierający środek odurzający lub substancję psychotropową. Druki recept na środki silnie działające na ośrodkowy układ nerwowy (odurzające lub psychotropowe) należy wypisywać na drukach w kolorze różowym, zgodnych ze wzorem podanym przez Narodowy Fundusz Zdrowia. Są to druki ścisłego zarachowania, na recepcie lekarz ma możliwość wypisania tylko jednego preparatu. Dodatkowo obowiązkiem podmiotu wystawiającego receptę jest przechowywanie kopii recepty. Narodowy Fundusz Zdrowia nakłada na podmioty uprawnione do wystawiania recept (lekarzy), obowiązek przechowywania druków recept w takich warunkach, aby druki owe nie uległy zniszczeniu oraz, aby nie były narażone na kradzież. W razie zniszczenia druków lub ich kradzieży lekarz niezwłocznie powinien zawiadomić NFZ. Wymagane jest podanie okoliczności zdarzenia, jak również o ile jest to możliwe ustalenie numerów zniszczonych lub skradzionych druków recept. Po przekazaniu tej informacji Narodowy Fundusz Zdrowia nakłada blokadę na recepty, jednocześnie powiadamiając o tym fakcie drogą elektroniczną wszystkie apteki. Dzięki temu już w następnym dniu po zablokowaniu druków recept, nie można ich zrealizować. Podmiot uprawniony do wystawiania recept oprócz wymogów NFZ dotyczących zasad wystawiania druków, winien na bieżąco zapoznawać się z listą leków refundowanych. Podkreślić w tym miejscu należy, że lista ta jest aktualizowana jest przez Ministerstwo Zdrowia co 3 miesiące. Leki refundowane są wydawane pacjentowi za opłatę ryczałtową, bezpłatnie lub pacjent częściowo pokrywa koszty leku lub wyrobu medycznego. Z chwilą wejścia w życie nowej ustawy lekarz na każdej recepcie zobowiązany jest do określenia stopnia refundacji danego leku. Ze względu na ogromne trudności w dostępie do aktualnej listy leków refundowanych oraz z uwagi na przewidywane kary pieniężne w stosunku do lekarzy błędnie określających stopień refundacji leku, na początku tego roku przez Polskę przeszła fala niezadowolenia środowiska lekarskiego. Naczelna Rada Lekarska wystosowała protest w tej sprawie. Domagała się usunięcia z zapisów ustawy obowiązku wypisywania przez lekarzy na drukach recept poziomów odpłatności leków. Niestety osiągnięto tylko pozorny sukces: z ustawy częściowy wykreślono niekorzystne dla lekarzy zapisy, NFZ z końcem 30 czerwca bieżącego roku wszystkim podmiotom uprawnionym do wystawiania recept wypowiedział dotychczasowe umowy. W nowych przygotowanych przez Narodowy Fundusz Zdrowia umowach dla lekarzy zamieszczono taryfikator określający, jaka kara pieniężna grozi za błędnie wypisaną receptę. Za błędy uznano nawet pomyłkę w nazwisku lub adresie pacjenta. Zaniepokojone takimi propozycjami Narodowego Funduszu Zdrowia środowisko lekarskie wspólnie z farmaceutami kontynuowało protest. Lekarze odmawiali podpisywania nowych umów na wypisywanie druków recept z NFZ. Groziło to całkowitym paraliżem w ochronie zdrowia. Przedstawiciele Naczelnej Rady Lekarskiej wielokrotnie spotykali się z urzędnikami Ministerstwa Zdrowia i Narodowego Funduszu Zdrowia. Celem tych rozmów było zniesienie dotkliwych, nieadekwatnych do wagi przewinienia, kar dla lekarzy za błędnie wypisane recepty. Niestety, jak dotąd nie uzyskano kompromisu, jednakże Naczelna Rada Lekarska postanowiła czasowo zawiesić protest środowiska lekarskiego w nadziei na dalszy dialog.

Uwzględniając przytoczone powyżej argumenty dotyczące potrzeby kontroli wypisywanych substancji farmakologicznych lub wyrobów medycznych, procedurę obowiązującą podmiot uprawniony do wystawiania recept, a także obowiązki z tego uprawnienia płynące, rodzi się pytanie czy lekarz może wypisać receptę bez uprzedniego badania fizykalnego pacjenta? Jak podkreśla ustawodawca cała odpowiedzialność za wypisanie recepty, a co za tym idzie za zdrowie i życie pacjenta spoczywa na lekarzu, czyli podmiocie uprawnionym do wystawiania druków recept. Problem ten budził kontrowersje od lat. W związku z tym próbowano ten rodzaj świadczeń medycznych uregulować prawnie. Artykuł 42 ustawy z 5 grudnia 1996 roku o zawodach lekarza i lekarza dentysty (DzU z 2008r. nr 136, poz. 857 z późn. zm.) brzmi: "lekarz orzeka o stanie zdrowia określonej osoby po uprzednim, osobistym jej zbadaniu, z zastrzeżeniem sytuacji określonych w odrębnych przepisach."(3). Na ten artykuł powoływały się niektóre oddziały Narodowego Funduszu Zdrowia podczas kontroli przeprowadzanych w placówkach ochrony zdrowia. NFZ podał do publicznej wiadomości, że jedynie w województwie mazowieckim na skutek wypisywania recept pacjentom, bez konieczności ich wizyty u lekarza NFZ poniósł straty wielkości 4 mln złotych. Kontrole, którymi nękano placówki ochrony zdrowia wywołały natychmiastową reakcję. Pacjentów tychże przychodni informowano, że Narodowy Fundusz Zdrowia nie zezwala na zaoczne wypisywanie recept i pacjent musi się po receptę stawić u lekarza osobiście (4). Zrodziło to paradoksalne sytuacje, kiedy to pacjent leczony przez danego lekarza od lat musiał stawić się po receptę, czekając w kolejce po kilka godzin. Bezspornym faktem jest to, że lekarz nie może wypisać druku recepty, w sytuacji kiedy nie dokonał badania fizykalnego pacjenta, jeżeli pacjent ten nie był wcześniej diagnozowany i leczony przez danego lekarza. Natomiast wiele wątpliwości występuje wtedy kiedy pacjent jest pacjentem z chorobą przewlekłą, a następna recepta na leki zapewni mu nieprzerwany proces leczenia. Zaoczne wypisywanie recept nie jest zagadnieniem nowym i tyczącym się jedynie realiów Polski. W krajach Unii Europejskiej od lat usankcjonowane jest przepisywanie leków na receptę bez obecności pacjenta, a także udzielanie porad przez telefon, czy drogą mailową (5). Również w Stanach Zjednoczonych prawodawstwo pozwala na przepisywanie leków pacjentom bez ich wizyty u lekarza. Nowy model dystrybucji leków zezwala lekarzom na wypisywanie zaocznie recept pacjentom cierpiącym na choroby przewlekłe (astmę oskrzelową, choroby alergiczne, układu krążenia i innych). Przyjęcie tej strategii jak się podkreśla, pozwoli na rozwój nowych technologii w zakresie diagnostyki i leczenia, a także podniesie rangę zawodu farmaceuty (7). Na całym świecie w ostatnich latach obserwuje się dynamiczny rozwój działu medycyny jaka jest telemedycyna. Dział ten zajmuje się wykorzystaniem współczesnych technologii przekazu i cyfrowej obróbki informacji w diagnostyce i leczeniu pacjentów. Dlaczego więc nie uregulować zaocznego wypisywania recept?

Obowiązujące obecnie regulacje prawne jednoznacznie nie wykluczają możliwości wypisania przez lekarza recept lekarskich bez osobistego kontaktu z pacjentem. Przepisy w tym zakresie nie są jednoznaczne, jednak dają możliwość ich interpretacji na korzyść pacjentów. Sprawą tą zajmował się także rzecznik praw pacjenta. W jednym z wywiadów powiedział „lekarz POZ może przepisać leki pacjentowi w przypadku schorzeń przewlekłych, w sytuacji gdy zachodzi potrzeba kontynuacji leczenia i w dokumentacji medycznej przez niego prowadzonej znajduje się odpowiednia informacja na ten temat. Lekarz wystawia taką receptę na prośbę pacjenta chorującego przewlekle i wnoszącego o powtórzenie leków już stosowanych. Recepta może być odebrana przez pacjenta lub osobę przez niego upoważnioną w ZOZ"(6). Jak wspomniano powyżej na lekarzu spoczywa odpowiedzialność za wypisane na recepcie leki. Prawo do wypisania kolejnej recepty na ten sam lek ma na celu usprawnienie procesu leczenia i ochronę pacjenta przed ewentualnymi negatywnymi następstwami, które mogłyby wyniknąć z nagłej przerwy w leczeniu (np. w związku z ograniczonym dostępem do specjalisty, zgubieniem leków). Rozporządzenie Ministra Zdrowia z 6 maja 2008r. w sprawie ogólnych warunków umów o udzielanie świadczeń opieki zdrowotnej wydaje się to potwierdzać. Pozwala ono lekarzowi kontynuować leczenie farmakologiczne pacjenta rozpoczęte wcześniej przez lekarza specjalistę. Warunkiem jednak koniecznym do spełnienia jest przekazanie pisemnej informacji o rozpoznaniu, dotychczasowym leczeniu – w tym dawkowaniu leków i okresu ich stosowania, rokowaniu i koniecznych wizyt kontrolnych. Z kolei lekarz pracujący w poradni specjalistycznej ma obowiązek pisemnego informowania lekarza POZ o prowadzonym leczeniu danego pacjenta nie rzadziej niż co 12 miesięcy. I tylko wtedy lekarz POZ może kontynuować leczenie (8). Bardzo przychylnie do tych uregulowań odniósł się Prezes NFZ wydając zarządzenie w sprawie określenia warunków zawierania i realizacji umów o udzielanie świadczeń w rodzaju podstawowa opieka zdrowotna (9). Podkreślić należy, że prawo do kontynuacji terapii rozpoczętej przez lekarza specjalistę mają wyłącznie lekarze będący lekarzami ubezpieczenia zdrowotnego. Przepisanie recepty bez wizyty pacjenta w gabinecie lekarskim jest dopuszczalne wtedy, kiedy pacjent systematycznie przyjmuje leki na podstawie wcześniej przeprowadzonego przez lekarza badania przedmiotowego, nie zgłasza pogorszenia się stanu jego zdrowia, innych (nowych) dolegliwości, stosuje się do zaleceń lekarskich i regularnie przychodzi na wizyty kontrolne. W takim przypadku, utrzymywania się niezmiennej kondycji pacjenta i wykonywania przez niego zaleceń lekarskich wystawienie zaoczne druku recepty jest dopuszczalne i nie narazi podmiotu uprawnionego do wystawiania recept na poniesienie odpowiedzialności karnej (10).

Podobne stanowisko reprezentują urzędnicy resortu zdrowia. Z uwagi na to, iż wielu pacjentom przewlekle chorym (zwłaszcza na choroby układu krążenia, cukrzycę, choroby narządu ruchu), stan kliniczny (bo przecież często po kolejne recepty zgłaszają się osoby starsze, mające niejednokrotnie problemy z samodzielnym poruszaniem się) nie pozwala na przybycie do placówki ochrony zdrowia jedynie po odbiór recepty, zaleca się stosowanie przez lekarzy rodzinnych dotychczasowej praktyki. Ma to na celu ułatwienie działalności poszczególnych placówek ochrony zdrowia i zapewnia jednocześnie kontynuacje leczenia wielu pacjentom (11).

Problem wypisywania recept bez wizyty pacjenta w gabinecie lekarskim poruszył nawet posłów na Sejm RP. W swojej interpelacji z 10 stycznia 2012r. poseł Tadeusz Arkit zwraca uwagę na celowość uregulowania prawnego tej kwestii i uproszczenia przepisów dotyczących wypisywania recept. Jak przytacza często lekarze wypisują recepty i nie zalecają pacjentowi wizyty kontrolnej, ale bywają także sytuacje, kiedy choroba staje się przewlekła, leczenie trwa latami i pacjent musi każdorazowo ustalać wizytę u lekarza po następną receptę. Podczas tejże wizyty nie odbywa się żadna diagnostyka (bo zrobiono ją już wcześniej), pacjent czeka tylko na wypisanie druku. „Taka sytuacja powoduje wydłużanie się kolejek oczekujących na wizytę u lekarza, czego można uniknąć, wprowadzając uproszczenia przy wydawaniu recept. Wydaje się, że pacjent wcześniej zdiagnozowany, będący w tym samym stanie zdrowia i wymagający kolejnych dawek tych samych leków, nie wymaga wizyty u lekarza prowadzącego" (12).

Postępując według rozporządzenia Ministra Zdrowia z dnia 17 maja 2012 r. zmieniającym rozporządzenie w sprawie rodzajów i zakresu dokumentacji medycznej oraz sposobu jej przetwarzania (Dz.U. z 2012 r. poz.583), które weszło w życie 8 czerwca 2012 r., lekarz, który wypisuje receptę dla siebie lub współmałżonka, zstępnych lub wstępnych w linii prostej oraz rodzeństwa ma obowiązek prowadzić swoją dokumentację medyczną w formie wykazu. Wykaz może być prowadzony w formie elektronicznej lub papierowej, może być wspólny dla całej rodziny lekarza, lub każdy z jej członków może mieć osobną „kartotekę". Wykaz ten zawiera dość szczegółowe informacje na temat samego pacjenta, jego choroby, przepisywanego leku i sposobu dawkowania. Pełny wykaz umieszczono poniżej:

„Wykaz, opatrzony imieniem i nazwiskiem lekarza zawiera:

1. numer kolejny wpisu,
2. datę wystawienia recepty,
3. imię i nazwisko pacjenta, a w przypadku gdy dane te nie są wystarczające do ustalenia jego tożsamości, także datę urodzenia lub numer PESEL pacjenta,
4. rozpoznanie choroby, problemu zdrowotnego lub urazu,
5. międzynarodową lub własną nazwę leku, środka spożywczego specjalnego przeznaczenia żywieniowego albo rodzajową lub handlową nazwę wyrobu medycznego,
6. postać, w jakiej lek, środek spożywczy specjalnego przeznaczenia żywieniowego lub wyrób medyczny ma być wydany, jeżeli występuje w obrocie w więcej niż jednej postaci,
7. dawkę leku lub środka spożywczego specjalnego przeznaczenia żywieniowego, jeżeli występuje w obrocie w więcej niż jednej dawce,
8. ilość leku, środka spożywczego specjalnego przeznaczenia żywieniowego, wyrobu medycznego, a w przypadku leku recepturowego - nazwę i ilość surowców farmaceutycznych, które mają być użyte do jego sporządzenia,
9. sposób dawkowania w przypadku przepisania:

a) ilości leku, środka spożywczego specjalnego przeznaczenia żywieniowego, wyrobu medycznego, niezbędnej pacjentowi do maksymalnie 90-dniowego stosowania wyliczonego na podstawie określonego na recepcie sposobu dawkowania,

b) leku gotowego dopuszczonego do obrotu na terytorium Rzeczypospolitej Polskiej, który zawiera w swoim składzie środek odurzający lub substancję psychotropową,

c) leku recepturowego zawierającego w swoim składzie środek odurzający lub substancję psychotropową"(13).

Biorąc pod uwagę, że wykaz taki lekarz sporządza w odniesieniu do siebie lub członków swojej rodziny, budzi się pytanie o zasadność umieszczania w nim tak szczegółowych informacji. Czy nie wystarczyłyby informacje o tym z jakiego powodu dany lek był zlecony i w jakim czasie? Dlaczego lekarz wypisując receptę dla siebie i swojej rodziny ma dodatkowo wpisywać postać recepturową leku i jego dawkowanie? Przecież doskonale je zna. Tak rozbudowany przez Ministerstwo Zdrowia wykaz sprzyja tylko rozwojowi biurokracji, a dodatkowo należy pamiętać, że za błędy w dokumentacji karą pieniężną obciążany jest lekarz.

I w tej kwestii interweniowała Naczelna Rada Lekarska domagając się uproszczenia zasad dokumentowania wypisanych recept dla lekarza i jego rodziny. Propozycja NRL obejmowała bardzo uproszczoną dokumentację „rodzinną" lekarza. Według niej lekarz, który wypisuje receptę dla siebie lub członków swojej rodziny miałby obowiązek prowadzenia rejestru zawierającego imię i nazwisko osoby, dla której wypisywana jest recepta oraz podstawowe informacje dotyczące zlecanego leku (14). Ta propozycja wydaje się być bardzo interesująca i całe środowisko lekarskie z niecierpliwością czeka na jej zatwierdzenie.

W ostatnich latach obserwuje się ogromny postęp medycyny w zakresie nowych metod diagnostyki i leczenia chorób. Wiele gałęzi medycyny opiera się na wykorzystaniu nowoczesnej technologii przekazu informacji. Do rutynowych zalicza się już wykonywanie niektórych zabiegów operacyjnych „na odległość", przesyłanie wykonanych badań (np. EKG) do centrum diagnostycznego i podejmowanie decyzji o terapii pacjenta bez bezpośredniego jego zbadania. W związku z tym wydaje się być zasadne uregulowanie prawne problemów dotyczących wypisywania recept pacjentom, bez ich wizyty w gabinecie lekarskim. Podobnie z regulacjami dotyczącymi wypisywania recept dla lekarza i jego rodziny. Do tej pory zasady te nie były jednoznacznie uregulowane i budziły wiele kontrowersji.

*Piśmiennictwo*

1. Pampuszko P. Zasady wypisywania recept na leki i materiały medyczne oraz zleceń na przedmioty ortopedyczne, środki pomocnicze i lecznicze środki techniczne. [w:] Prawo medyczne i bioetyka. (red.) Sieroń D. Elsevier Urban &Partner , Wrocław 2010.
2. Rozporządzenie Ministra Zdrowia z dnia 17 maja 2007 r. w sprawie recept lekarskich (Dz.U. Nr 213, poz. 2164).
3. Artykuł 42 ustawy z 5 grudnia 1996 roku o zawodach lekarza i lekarza dentysty (DzU z 2008r. nr 136, poz. 857 z późn. zm.)
4. http://www.rynekzdrowia.pl/Finanse-i-zarzadzanie/Ministerstwo-Zdrowia-przedluzenie-recepty-bez-wizyty-u-lekarza,107780,1.html – data dostępu 02.09.2012r.
5. http://www.rynekzdrowia.pl/Medycyna-rodzinna/Kiedy-lekarz-moze-wypisac-recepte-nie-widzac-pacjenta,14172,17.html – data dostępu 02.09.2012r.
6. http://serwiszoz.pl/aktualnosci/recepty-bez-koniecznosci-wizyty-u-lekarza - data dostępu 02.09.2012r.
7. http://www.ama-assn.org%2Famednews%2F2012%2F05%2F14%Fbisa0514 – data dostępu 02.09.2012r.
8. Rozporządzenie Ministra Zdrowia z 6 maja 2008 r. w sprawie ogólnych warunków umów o udzielanie świadczeń opieki zdrowotnej - Dz.U. nr 81 poz. 484.
9. Zarządzenie nr 72/2009 Prezesa NFZ z 3 listopada 2009 r. w sprawie określenia warunków zawierania i realizacji umów o udzielanie świadczeń w rodzaju podstawowa opieka zdrowotna.
10. http://praca.gazetaprawna.pl/artykuly/503302,lekarz_rodzinny_moze_wypisac_recepte_bez_badania_pacjenta.html – data dostępu 02.09.2012r.
11. http://praca.gazetaprawna.pl/artykuly/503302,lekarz_rodzinny_moze_wypisac_recepte_bez_badania_pacjenta.html – data dostępu 02.09.2012r.
12. http://www.sejm.gov.pl/sejm7.nsf/InterpelacjaTresc.xsp?key=02A44967 – data dostępu 02.09.2012r.
13. http://www.dilnet.wroc.pl/stomatolodzy/index.php/obowiazujce-przepisy/122-dokumentacja-medyczna-dla-lekarza-wystawiajcego-recepty-dla-siebie-i-najbliszej-rodziny - data dostępu 03.09.2012r.
14. http://prawo.rp.pl/artykul/786933.html - data dostępu 03.09.2012r.

# Elektroniczna Weryfikacja Uprawnień Świadczeniobiorcy w pracy zespołu podstawowej opieki zdrowotnej.

*Katarzyna Potempa*

Niejednokrotnie, w przychodni lekarza rodzinnego lub podczas korzystania z nocnej i świątecznej opieki zdrowotnej, wielu z nas spotkało się z sytuacją, iż do skorzystania ze świadczenia niezbędne było potwierdzenie własnego ubezpieczenia. Niosło to za sobą konieczność pamiętania o zabraniu do lekarza książeczki ubezpieczeniowej lub druku RMUA. Aby usprawnić potwierdzenie ubezpieczenia, założono ogólną bazę danych, w której po wprowadzeniu numeru PESEL pacjenta otrzymujemy informację o jego aktualnym ubezpieczeniu zdrowotnym.

Elektroniczna Weryfikacja Uprawnień Świadczeniobiorcy to system, który ma na celu szybkie i sprawne potwierdzenie uprawnień pacjenta, aby mógł on otrzymać dane świadczenie. Baza funkcjonuje od 1 stycznia 2013 roku [1], jednak nie każdy do dzisiaj wie o jej istnieniu oraz o roli, jaką spełnia w praktyce pracowników przychodni lekarza rodzinnego.

Elektroniczna Weryfikacja Uprawnień Świadczeniobiorcy, tak zwany eWUŚ, działa na podstawie następujących ustaw:

1. Ustawa z dnia 29 sierpnia 1997 r. o ochronie danych osobowych.
   Przedstawiając w skrócie tę ustawę, warto zauważyć, że każdy człowiek ma prawo do ochrony danych osobowych, które go dotyczą, a przetwarzanie ów danych możliwe (konieczne) jest w przypadku dobra ogółu, dobra jednostki bądź dobra osób trzecich. Dane osobowe natomiast, to takie informacje, dzięki którym możliwa stałaby się identyfikacja osoby (numer identyfikacyjny, elementy określające cechy tej osoby: społeczne, fizjologiczne, ekonomiczne itd.) [2]. W przychodni lekarza rodzinnego, mając do dyspozycji obszerną bazę danych, niejednokrotnie kilkunastotysięczną, należy pamiętać o należytym zabezpieczeniu personaliów pacjentów, na przykład poprzez: stosowaniu loginów i haseł do komputerów a także do programów służących do sprawdzania eWUŚ (np. hasła dostępu do programu mMedica). Specjalne postępowanie powinno dotyczyć także ochrony wydawanych wyników badań pacjentów oraz kartotek (za okazaniem dowodu tożsamości bądź pisemnego upoważnienia). Tożsamość pacjenta potwierdzają następujące dokumenty: prawo jazdy, paszport oraz dowód osobisty, a w przypadku dzieci i młodzieży do 18 roku życia- legitymacja szkolna [3]. Co ciekawe, ustawa o ochronie danych osobowych dotyczy tylko i wyłącznie osób fizycznych, więc takich, które mają zdolność do czynności prawnych. Nie dotyczy ona zatem osób zmarłych [4].

2. Ustawa z dnia 27 sierpnia 2004 r. o świadczeniach opieki zdrowotnej finansowanych ze środków publicznych.
Wedle tej ustawy, do korzystania z pakietu świadczeń zdrowotnych, które finansowane są ze środków publicznych, prawo mają między innymi osoby ubezpieczone a więc takie które: objęte są obowiązkowym i dobrowolnym ubezpieczeniem zdrowotnym, osoby posiadające polskie obywatelstwo i adres zamieszkania na terenie RP, a które spełniają tzw. kryterium dochodowe [6], a także młodzież do 18 roku życia i kobiety w okresie ciąży, porodu lub połogu, zamieszkujące tererytorium RP.

3. Rozporządzenie Parlamentu Europejskiego i Rady z dnia 29 kwietnia 2004 r. w sprawie koordynacji systemów zabezpieczenia społecznego.
Rozporządzenie bazuje przede wszystkim na swobodnym przepływie osób, w celu zabezpieczenia społecznego pracowników migrujących. Dokument zawiera artykuły dotyczące między innymi równego traktowania, dostępu do świadczeń oraz zakazu kumulacji świadczeń. Rozporządzenie wyjaśnia status osoby, która wykonuje pracę w dwóch lub więcej państwach członkowskich, zawiera także przepisy szczegółowe dotyczące różnych rodzajów świadczeń [7].

4. Rozporządzenie Parlamentu Europejskiego i Rady (WE) nr 987/2009 z dnia 16 września 2009 r. dotyczące wykonywania rozporządzenia (WE) nr 883/2004 w sprawie koordynacji systemów zabezpieczenia społecznego.
Tekst rozporządzenia mówi w szczególności o tym, iż najszybszą i najbardziej sprawną drogą wymiany informacji między narodami jest droga elektroniczna. Poszczególne rozdziały dokumentu stanowią o: współpracy i wymianie danych pomiędzy instytucjami, sposobie wymiany danych i ich zakresie. Jest mowa o leczeniu planowym (art. 26), o świadczeniach pieniężnych z tytułu niezdolności do pracy (art. 27), świadczeniach z tytułu wypadków przy pracy i chorób zawodowych (rozdz. 2, art.33) [8].

EWUŚ w podstawowej opiece zdrowotnej gwarantuje prawidłowe udzielenie świadczenia choremu. Podstawowa opieka zdrowotna (POZ), wedle ustawy o świadczeniach finansowanych, to: „świadczenia zdrowotne profilaktyczne, diagnostyczne lecznicze, rehabilitacyjne oraz pielęgnacyjne z zakresu medycyny ogólnej, rodzinnej i pediatrii, udzielane w ramach ambulatoryjnej opieki zdrowotnej"[5]. Ambulatoryjnej, czyli dla osób wobec których nie ma konieczności leczenia w warunkach całodobowych (całodziennych).

System eWUŚ, jak to było już wcześniej wspomniane, ma na celu sprawdzenie czy dany pacjent jest ubezpieczony, a konieczny do tego jest numer PESEL pacjenta. Baza eWUŚ oparta jest na Centralnym Wykazie Ubezpieczonych, a prowadzi ją NFZ. Baza danych jest codziennie aktualizowana wedle informacji otrzymywanych z np. ZUS i KRUS. Czasem zdarza się, iż ubezpieczenie pacjenta w systemie eWUŚ nie zostanie potwierdzone. W takiej sytuacji pacjent powinien uzupełnić i podpisać stosowne oświadczenie lub przedstawić dowód swojego ubezpieczenia. Dokumentem potwierdzającym takowe ubezpieczenie może być na przykład: zgłoszenie do ubezpieczenia, legitymacja ubezpieczeniowa, legitymacja rencisty/emeryta, zaświadczenie potwierdzające prawo do świadczeń itd. [3]. Istnieją różne przyczyny widnienia w systemie eWUŚ osoby jako nieubezpieczonej. Mogło się zdarzyć, iż osoba ubezpieczona nie zgłosiła do ubezpieczyciela (najczęściej pracodawcy) członków rodziny, bądź informacje o ubezpieczeniu osoby nie trafiły do bazy Narodowego Funduszu Zdrowia. W takiej sytuacji należy poinformować pacjenta, gdzie powinien złosić się w celu wyjaśnienia sytuacji swojej lub swoich bliskich [1].

W przypadku udzielenia świadczenia osobie, której system eWUŚ nie potwierdził ubezpieczenia, a która nie posiada aktualnego oświadczenia, wizyta nie zostanie zrefundowana z Narodowego Funduszu Zdrowia. Z tego powodu tak ważne jest potwierdzenie ubezpieczenia i zadanie to należy do punktu rejestracji pacjentów w przychodni lekarza POZ. Jednak w przypadku stanu nagłego zagrożenia zdrowia lub życia pacjenta, pomoc powinna mu być udzielona bez względu na status ubezpieczenia [1]. Zagrożenie zdrowia polega na nagłym lub przewidywalnym w niedługim okresie czasu pogorszeniu stanu zdrowia, a który w efekcie może doprowadzić do poważnego uszkodzenia funkcji organizmu, uszkodzeń ciała lub utraty życia [9]. Pacjent w stanie zagrożenia zdrowia lub życia, kiedy nie może złożyć oświadczenia o przysługującym ubezpieczeniu, powinien potwierdzić prawo do świadczenia lub złożyć oświadczenie w terminie do 14 dni [3]. Gdy pacjent nie złożył oświadczenia, lub wypełnił je nieprawidłowymi danymi, wizyta nie zostanie zrefundowana przez Narodowy Fundusz Zdrowia i kosztami zostanie obciążony pacjent [3].

Sprawdzenie eWUŚ jest również konieczne w przypadku złożenia przez pacjenta deklaracji do wybranego lekarza, pielęgniarki lub położnej POZ. Jeśli przychodnia podstawowej opieki zdrowotnej, ma podpisaną umowę z Narodowym Funduszem Zdrowia, nie może przyjmować deklaracji wyboru lekarza, gdy pacjent widnieje w systemie eWUŚ jako osoba nieubezpieczona.

Kontrolowanie eWUŚ jest niezwykle ważne także w sytuacji wypisywania przez lekarza recepty. Zdarza się, iż w systemie eWUŚ widnieje dodatkowo: *Oznaczenie na receptach DN* [10]. DN to skrót wskazujący na prawną ochronę dzieci które nie ukończyły 18 roku życia, zamieszkujących terytorium Polski. Świadczenia zdrowotne udzielane są takim dzieciom bezpłatnie, a na recepcie w polu *uprawnienia dodatkowe*, wpisywane jest kod DN. Koszty takiego świadczenia ponosi budżet państwa.

Inne kody przysługujące pacjentom uprzywilejowanym, wpisywane na receptę:

- IB, inwalida wojenny,
- IW, inwalida wojskowy,
- ZK, zasłużony, honorowy dawca krwi,
- Zasłużony, honorowy dawca przeszczepu,
- PO, osoby wykonujące powszechny obowiązek obrony,
- AZ, pracownicy zakładów produkujących azbest,
- CN, nieubezpieczone kobiety w okresie ciąży, porodu lub połogu.

Osoby posiadające wyżej wymienione uprawnienia, mają obowiązek przedstawienia lekarzowi dokumentu je potwierdzającego [10].

Uprawnienie prawa pacjenta do świadczenia, który jest ubezpieczony w innym niż Polska państwie, wymaga nieco innych zasad (przepisy o koordynacji), gdyż wtedy wymagać należy od pacjenta jednego z następujących dokumentów:

- EKUZ, Europejska Karta Ubezpieczenia Zdrowotnego,
- Certyfikat Tymczasowo Zastępujący EKUZ,
- Formularz E112/S2/S3,
- Formularz E123/DA1.

Wyżej wymienione dokumenty przysługują obywatelom Unii Europejskiej oraz państwom Europejskiego Stowarzyszenia Wolnego Handlu (EFTA): Szwajcaria, Islandia, Lichtenstein, Norwegia [3]. W przypadku, gdy pacjent nie posiada żadnego z wymienionych dokumentów, należy zebrać dane osobowe (imię, nazwisko, data urodzenia, adres oraz państwo, w którym osoba ta jest ubezpieczona) oraz skontaktować się z Wojewódzkim Oddziałem NFZ w celu potwierdzenia ubezpieczenia. Pacjent unijny może również:

- wnioskować o leczenie prywatne, ma wtedy całkowity dostęp do opieki zdrowotnej,
- wnioskować o leczenie w ramach POZ, wtedy dostęp do świadczeń koniecznych z przyczyn zdrowotnych.

Rozliczanie pacjentów unijnych, może dokonać się poprzez: wystawienie rachunku osobie bez żadnego dokumentu oraz rozliczenie jako pacjenta UE, gdy takowy dokument ubezpieczenia posiada [11].

EKUZ, czyli Europejska Karta Ubezpieczenia Zdrowotnego jest pisemnym dowodem uprawniającym do świadczeń zdrowotnych, które może być udzielane w państwie członkowskim UE/EFTA. Zapobiega ona odesłaniu chorego do państwa właściwego, w celu leczenia. Owe świadczenia nie mogą być jednak zaplanowane (wyjazd w celu leczenia), lecz muszą mieć ugruntowane przesłanki medyczne. Karta EKUZ nie wymaga tłumaczenia na język państwa docelowego. Kartą tą mogą się posługiwać osoby, które pomimo wykonywania pracy za granicą, nadal podlegają ubezpieczeniu polskiemu. Osoby pracujące w innym państwie UE/EFTA, które podlegają tamtejszemu ubezpieczeniu, nie mogą się posługiwać kartą EKUZ, w celu uzyskania świadczenia. Wniosek o wydanie EKUZ kieruje się do Narodowego Funduszu Zdrowia [12].

Certyfikat Tymczasowo Zastępujący EKUZ. Wydawany jest w przypadku utraty EKUZ (kradzieży, zniszczenia), nieuzyskania EKUZ przed wyjazdem. Wniosek o udzielenie tego dokumentu może przedstawić współmałżonek lub inna osoba do tego upoważniona, do właściwego oddziału NFZ. Certyfikat ma ograniczoną ważność, jedynie na czas udzielanego świadczenia [13].

Formularz E112/Dokument S2. Uprawnia do świadczeń planowych w innym niż Polska państwie członkowskim. Nie wymaga rejestracji w NFZ, przedstawiany jest świadczeniodawcy. Dokument powinien być wypisany w języku państwa docelowego. Na formularzu mogą być ujęte: jednostka chorobowa, zakres świadczeń, rodzaj świadczeń. Takim świadczeniem planowym może być na przykład poród i macierzyństwo na Wyspach Brytyjskich. Uprawnienie dotyczy wtedy wszelkich świadczeń udzielonych matce w związku z porodem oraz macierzyństwem, wymagana jest pisemna zgoda instytucji [14].

Formularz E123/Dokument DA1, to zaświadczenie o uprawnieniu do świadczeń rzeczowych z tytułu ubezpieczenia w razie wypadków przy pracy i chorób zawodowych [15]. Dokument ten upoważnia do korzystania ze świadczeń opieki zdrowotnej, w przypadku choroby zawodowej bądź leczenia skutków wypadku w kraju członkowskim UE/EFTA, zawiera także zakres świadczeń należnych, indywidualnie ustalony. Podstawą jest poświadczenie Narodowego Funduszu Zdrowia.

Ubezpieczenie dzieci. Dziecko może podlegać ubezpieczeniu zdrowotnemu przez swoich rodziców, na przykład poprzez zgłoszenie faktu posiadania dziecka (najlepiej tuż po narodzinach) płatnikowi składek (pracodawcy). Występuje to w przypadku, gdy rodzice dziecka podlegają ubezpieczeniu zdrowotnemu. Gdy tak się nie dzieje, ubezpieczycielami dzieci mogą zostać np. ich dziadkowie [3]. Już przed narodzinami dziecka wymagane są od rodziców dziecka dane przychodni POZ dla dzieci, do której noworodek zostanie zapisany, w celu na przykład wizyty patronażowej bądź opieki położnej POZ zarówno nad matką jak i nad dzieckiem. Prawo do świadczeń niemowlęcia do trzeciego miesiąca życia, któremu nie nadano jeszcze numeru PESEL, może zostać potwierdzone numerem PESEL rodzica/opiekuna [3].

Podstawowa opieka zdrowotna jest pierwszym miejscem, w którym człowiek chory szuka pomocy w celu rozpoznania i leczenia choroby. POZ świadczy jednak nie tylko usługi lecznicze, diagnostyczne i pielęgnacyjne. To przede wszystkim miejsce, które powinno być przyjazne i sprawnie zorganizowane, ukierunkowane na dobro pacjenta. Nowoczesny system potwierdzający prawo chorego do udzielenia mu świadczenia, powinien być rozpowszechniony i lepiej poznany, także przez pacjentów. Niezbędna w pracy zarówno pielęgniarki POZ jak i rejestratorki jest wiedza na temat regulacji prawnych, na których bazują nowoczesne systemy informatyczne, jak eWUŚ, oraz zasad, na podstawie których jest możliwe udzielenie pacjentowi danego świadczenia.

*Piśmiennictwo*

1. Elektroniczna Weryfikacja Uprawnień Świadczeniobiorcy. Portal Informacyjny. Dostęp 23.04.2014: http://www.ewus.csioz.gov.pl/oewus.
2. Ustawa z dnia 29 sierpnia 1997 r. o ochronie danych osobowych (Dz. U. z 2002, Nr 101, poz. 926, z późn. zm.).
3. Korol E, Trojanowska I, Tyszka N. EWUŚ w rejestracji. Warszawa 2012. Dostęp 23.04.2014: http://nfz.gov.pl/new/art/5231/2012_12_07_poradnik.pdf.
4. Porada prawna. Serwis prawniczy. Ochrona danych osobowych. Dostęp 23.04.2014: http://www.poradaprawna.pl/porady/czy-dane-osob-zmarlych-podlegaja-ochronie-przewidzianej-w-ustawie-o-ochronie-danych-osobowych,131494.html.
5. Ustawa z dnia 27 sierpnia 2004 r. o świadczeniach opieki zdrowotnej finansowanych ze środków publicznych. (Dz. U. z 2008 r., Nr 164, poz. 1027 z późn. zm.).
6. Obwieszczenie Marszałka Sejmu Rzeczypospolitej Polskiej z dnia 17 czerwca 2008 r. w sprawie ogłoszenia jednolitego tekstu ustawy o pomocy społecznej. (Dz. U. z 2008 r. Nr 115, poz. 728).
7. Rozporządzenie Parlamentu Europejskiego i Rady (WE) nr 883/2004 z dnia 29 kwietnia 2004 r. w sprawie koordynacji systemów zabezpieczenia społecznego (Dz. U. UE. L.2004.166.1, z późn. zm.).
8. Rozporządzenie Parlamentu Europejskiego i Rady (WE) nr 987/2009 z dnia 16 września 2009 r. dotyczące wykonywania rozporządzenia (WE) nr 883/2004 w sprawie koordynacji systemów zabezpieczenia społecznego.
9. Ustawa z dnia 8 września 2006 r. o Państwowym Ratownictwie Medycznym
10. NFZ. Recepty i leki. Dostęp: https://www.nfz-lodz.pl/index.php/dlapacjentow/jak-sie-leczyc/1455-recepty-i-leki.
11. NFZ. Pacjent unijny krok po kroku. Dostęp 23.04.2014: https://www.ekuz.nfz.gov.pl/informacje-dla-swiadczeniodawcow/pacjent-unijny-krok-po-kroku.
12. NFZ. Dokumenty do pobrania. Dostęp 23.04.2014: https://www.ekuz.nfz.gov.pl/praca/dokumenty-dla-pracownika.
13. Narodowy Fundusz Zdrowia. Certyfikat Tymczasowo Zastępujący EKUZ. Dostęp24.04.2014: http://nfz-bydgoszcz.pl/contents/content/55/696.
14. NFZ. Narodowy Fundusz Zdrowia, oddział wojewódzki w Katowicach. Ubezpieczony. Ochrona zdrowia w Unii Europejskiej. Dostęp 23.04.2014: http://blind.nfz-katowice.pl/?k0=02_ubezpieczony&k1=05_ochrona_zdrowia_w_ue&l=leczenie-planowane.html.
15. Zaświadczenie o uprawnieniu do świadczeń rzeczowych z tytułu ubezpieczenia w razie wypadków przy pracy i chorób zawodowych. Dostęp: 23.04.2014: http://www.nfz.gov.pl/new/art/874/wzor_e_123_pl.pdf.

# Promocja zdrowia i edukacja zdrowotna wobec chorych objętych opieką paliatywną.

*Jolanta Flakus*

Promocja zdrowia, będąca interdyscyplinarnym przedsięwzięciem na rzecz zdrowia, obliguje do współpracy przedstawicieli wszystkich dyscyplin mieszczących się w obszarze „nauk o zdrowiu". Promocja zdrowia i edukacja zdrowotna chorych objętych opieką paliatywną może pozornie wydawać się paradoksem. Jednakże opieka paliatywna opiera się na filozofii, która skupia się na osiągnięciu najlepszej jakości życia pacjentów i ich rodzin w holistycznym schemacie.

Coraz bardziej popularna staje się strategia, która uznaje, że wszystkie profesje medyczne mogłyby zastosować te zasady do opieki nad pacjentami z potrzebami w zakresie opieki wspierającej i paliatywnej. Pielęgniarki pełnią kluczową rolę w tym schemacie a złożoność roli pielęgniarki w opiece paliatywnej została przeanalizowana w wielu badaniach [1].

Mamy zaopiekować się chorym umierającym, aby czas, który mu pozostał, przeżył możliwie szczęśliwie i godnie. Dlatego właśnie edukacja i promocja zdrowia w przypadku nieuleczalnie chorych jest niewątpliwie umiejętnością opartą na właściwych zasadach postępowania. Aby móc skutecznie postępować z chorym, którego wyleczyć nie można, trzeba dobrze poznać jego oczekiwania. Zbliżyć się do jego „*wewnętrznego człowieka*".

*Rozwój promocji zdrowia.*

Promocja zdrowia definiowana jest na wiele sposobów. Jej istota pozostaje niezmienna. Jest to proces, którego efektem finalnym jest podnoszenie potencjału zdrowia przy jednoczesnej poprawie jego jakości. Podstawą tego procesu jest odejście od rutyny i poszukiwanie nowych, bardziej efektywnych metod pozwalających ludziom na zwiększenie kontroli nad własnym zdrowiem [2].

Promocja zdrowia jest ideą bardzo młodą, która zaistniała początkowo jako społeczny ruch prozdrowotny, a obecnie funkcjonuje jako dziedzina nauki rozwinięta na gruncie dawnych zasad higieny oraz jako rezultat wzrastających potrzeb finansowych medycznej opieki zdrowotnej, które wiążą się głównie z rozwojem technik i technologii, mających zastosowanie w diagnostyce, terapii i rehabilitacji. Historia samego pojęcia „ promocja zdrowia" jest bardzo krótka, gdyż zaczyna się w połowie lat siedemdziesiątych ubiegłego stulecia. Za jednego z prekursorów idei możemy uznać W.L. Dunna, który w 1960r. zaproponował użycie dość już rozpowszechnionego, a trudnego do przetłumaczenia na język polski pojęcia „ wellness", w celu oznaczenia procesu przyjmowania wzorów zachowań prowadzących do poprawy zdrowia i zwiększenia satysfakcji życiowej ludzi. Wellness jest zjawiskiem wieloaspektowym, mającym wymiar społeczny, zawodowy, duchowy, fizyczny, intelektualny i emocjonalny. Jest to bardzo charakterystyczny przykład holistycznego podejścia do zdrowia. Niewątpliwie krajem, który pierwszy podjął działania z zakresu promocji zdrowia na szeroką skalę, była Kanada. W dniu 1 maja 1974r. Marc LaLonde przedłożył parlamentowi kanadyjskiemu dokument pod nazwą „*Nowa perspektywa dla zdrowia Kanadyjczyków*". W 1978r. Światowe Zgromadzenie zdrowia (Ałma Ata 1978r.) ustaliło na podstawie prowadzonych przez kilka lat wcześniej analiz, że globalnie stan zdrowia społeczeństw jest nie tylko zły, ale ulega stałemu pogorszeniu. Postawiono więc, że oprócz położenia większego nacisku na podstawową opiekę zdrowotną należy równolegle podjąć działania prozdrowotne na szeroką skalę [1].

W naszym kraju koncepcję aktywnego wzmacniania zdrowia propagował J.Kostrzewski pisząc, że przedmiotem medycyny społecznej jako nauki i działalności praktycznej jest badanie i kształtowanie zdrowia ludności. Nie ochrona lecz właśnie aktywne kształtowanie [3].

Pojawienie się w podejściu do zdrowia jego promocji było konsekwencją pewnych nowych zjawisk w medycynie współczesnej, wśród których ważne miejsce zajmuje pozytywne rozumienie zdrowia. Mimo że pojęcie promocji zdrowia jest obecnie powszechnie używane, to wciąż występują różne sposoby jego rozumienia i kontrowersje związane ze znaczeniem, zakresem.

Dla wielu pojęcie promocji zdrowia nie stanowi nic więcej, aniżeli nowe hasło , które ma zastąpić dotychczasową profilaktykę. Tymczasem zapobieganie chorobom, czyli profilaktyka chorobowa, to działanie głównie medyczne, przeciwko określonej chorobie lub grupie chorób. Promocja zdrowia to proces podejmowania decyzji w sprawach ludzkiego zdrowia i opiera się przede wszystkim na aktywności środowisk lokalnych i współpracy międzysektorowej. Niemniej działania profilaktyczne i promocyjne często są zbliżone do siebie i zmierzają w tym samym kierunku, ku poprawie i utrzymaniu dobrego stanu zdrowia jednostek i społeczeństwa [3].

Zdrowie i jego promocja stanowią zagadnienie bardzo złożone i znacznie wykraczające poza problematykę medyczną.

W celu lepszego zrozumienia tego faktu, niezbędne wydaje się postawienie pytania: gdzie tworzy się zdrowie? Najprostszą odpowiedzią jest stwierdzenie, że zdrowie tworzy się tam, gdzie człowiek żyje, pracuje i odpoczywa. Oczywiście równie ważne jest jak żyje, uogólniając, można powiedzieć, że zdrowie tworzy się w zależności od warunków i sposobu życia [3].

Człowiek jest podmiotem promocji zdrowia i powinien mieć warunki do uczestnictwa we wszystkich etapach podejmowanych w jej ramach.

Zdaniem wielu autorów promocja zdrowia wyraźnie odróżnia się od profilaktyki i w związku z tym obie wymagają odmiennych strategii działań. Dla promocji zdrowia punktem wyjścia jest bowiem zdrowie rozumiane jako szeroki dobrostan, a celem jest jego potęgowanie i pomnażanie potencjału zdrowotnego. Profilaktyka natomiast ukierunkowana jest na utrzymanie posiadanego stanu zdrowia przez przeciwdziałanie czynnikom prowadzącym do rozwoju choroby. Takie rozumienie promocji zdrowia i profilaktyki uwzględnia jednocześnie możliwość wzajemnego przenikania się podejmowanych w ich ramach działań, które w pewnych okolicznościach są w stosunku do siebie wyraźnie komplementarne [4].

W Polsce najczęściej cytowana jest definicja przyjęta na Pierwszej Międzynarodowej Konferencji Promocji Zdrowia, która odbyła się w Ottawie w listopadzie 1986r.

Powstała tam tzw. Karta Ottawska, która stała się „ *Konstytucją*" promocji zdrowia i jest dla niej trwałym dokumentem o podstawowym znaczeniu, mimo że po konferencji w Ottawie odbyły się jeszcze trzy konferencje promocji zdrowia, również o zasięgu ogólnoświatowym, w Adelajdzie (Australia 1989) w Sundsvall ( Szwecja 1991) i w Dżakarcie ( Indonezja 1997) [6].

Wtedy też określono, że promocja zdrowia jest to proces umożliwiający ludziom kontrolę nad własnym zdrowiem i poprawienie go. Dalej autorzy zwracają uwagę, że promocja zdrowia nie implikuje odpowiedzialności sektora opieki zdrowotnej ( to każdy człowiek jest odpowiedzialny za swoje zdrowie), natomiast celem jest osiągnięcie optymalnego zdrowia przez prozdrowotny styl życia. W cytowanym dokumencie wyróżnia się inny podrozdział promocji- Health Protection – Ochronę Zdrowia- odnoszący się do tych działań, które wpływają na zdrowie przez kształtowanie środowiska [2].

Karta Ottawska nie tylko określiła warunki pozyskiwania zdrowia, do których zaliczamy: pokój, schronienie, wykształcenie, żywność, dochody, stabilny ekosystem, sprawiedliwość społeczną i równość, ale podała także strategie umożliwiające osiągnięcie odpowiednich rozwiązań. Istnieje bowiem zgodność co do tego, że między zdrowiem w skali globalnej i rozwojem społeczeństwa nie stoi w takim stopniu brak pieniędzy, który miałby hamować postęp, co brak odpowiedniego kierowania sprawami zdrowia [6].

W miarę rozwijania się koncepcji promocji zdrowia podejmowane były próby tworzenia definicji w których akcentowano różne jej aspekty, zwłaszcza w wymiarze społecznym. I.Kickbusch określa na przykład promocję zdrowia jako proces zmian społecznych, służących rozwojowi człowieka, realizowany przy udziale wielu podmiotów i twórczym wykorzystaniu w sposób profesjonalny i metodologiczny międzydyscyplinarnej wiedzy. Obecnie bardziej bierz e się pod uwagę istnienie nierówności społecznych w osiąganiu zdrowia, podkreśla się społeczne i środowiskowe determinanty oraz ograniczenia zachowań zdrowotnych.

Jedna z najnowszych definicji zawarta w raporcie WHO z 1993r. określa promocję zdrowia jako: *działanie społeczne i polityczne na poziomie indywidualnym i zbiorowym, którego celem jest podniesienie stanu świadomości zdrowotnej społeczeństwa, krzewienie zdrowego stylu życia i tworzenie warunków sprzyjających zdrowiu*. Jest to proces aktywizacji społeczności lokalnych, polityków, profesjonalistów i laików w celu osiągnięcia trwałych zmian zachowań. Doprowadzenie do zredukowania zachowań będących czynnikami ryzyka i rozpowszechnienie zachowań pro zdrowotnych oraz wprowadzenie zmian w środowisku, które zmniejszałoby lub eliminowały społeczne i inne środowiskowe przyczyny zagrożeń zdrowia [1].

Definicja ta oddaje sens i zakres promocji zdrowia. Jedną z jej zalet jest zwrócenie uwagi na różne poziomy promocji zdrowia.

Zgodnie z M.P.Kellym wyróżniamy cztery takie poziomy:

1.Poziom środowiskowy, czyli oddziaływanie na środowisko życia i pracy, dla wyróżnienia nazywane „chronieniem zdrowia" ( health protection).

2.Poziom społeczny, czyli oddziaływanie na grupy społeczne i inne elementy struktury społecznej. Tworzenie i propagowanie nowych, sprzyjających zdrowiu wzorców i standardów zachowań. Najważniejsze instrumenty oddziaływania to reklama, zmiany w ustawodawstwie, działania edukacyjne.

3. Poziom organizacyjny ( instytucjonalny)- instytucje jako ośrodki promocji zdrowia. Tworzenie kultury sprzyjającej zdrowiu w środowiskach pracy.

4. Poziom indywidualny [6].

Obecnie coraz większą uwagę poświęca się poziomowi społecznemu. Spowodowane jest to rosnącym przekonaniem, że nasze zachowania kształtują się w znacznym stopniu pod wpływem środowiska, w którym żyjemy, a sprzyja temu rozwój poglądów na temat zmian zachowań.

Zarówno praktycy, jak i teoretycy będący przedstawicielami różnych dyscyplin zajmujących się problematyką promocji zdrowia zgodnie przyjmują, że jest ona przedsięwzięciem społecznym i politycznym. Szczególna rola przypada w nim uczestnictwu i współdziałaniu ludzi, którym należy w związku z tym stwarzać warunki do podejmowania aktywności w zakresie budowania indywidualnych i środowiskowych zasobów dla zdrowia oraz kształtować u nich odpowiednie do takiej aktywności kompetencje. Tak rozumianą istotę promocji zdrowia dobrze odzwierciedla jedna ze współczesnych definicji zamieszczona w słowniku terminów przygotowanych dla uczestników Europejskiej Konferencji na temat reformowania Opieki Zdrowotnej w Lublanie, zgodnie z którą:

*Promocja zdrowia to proces umożliwiający jednostkom i grupom społecznym zwiększenie kontroli nad uwarunkowaniami zdrowia w celu poprawy ich stanu zdrowia oraz sprzyjający rozwijaniu zdrowego stylu życia, a także kształtowaniu innych społecznych, środowiskowych i osobniczych czynników prowadzących do zdrowia [6].*

Wyraźna orientacja promocji zdrowia rozpoczęła się z chwilą opublikowania Raportu Lalonde'a, w którym zwrócono uwagę na znaczenie czynników środowiskowych ( obejmujących środowisko fizyczne oraz psychospołeczny kontekst funkcjonowania człowieka w codziennych sytuacjach życiowych – w domu, miejscu pracy, szkole) w warunkowaniu zdrowia podkreślono jednocześnie, że szereg z nich pozostaje poza kontrolą człowieka. Uświadomiono sobie wówczas, że obwinianie jednostki za podejmowanie przez nią zachowań antyzdrowotnych jest działaniem powierzchownym i często nieuzasadnionym, a w pewnych przypadkach nawet wątpliwym etycznie. Uznano zatem, że równie ważna jak przekazywanie wiedzy na temat zdrowego stylu życia czy kształtowanie sprzyjających zdrowiu nawyków i umiejętności, jest interwencja w środowisko, w którym człowiek funkcjonuje. Przyjęto, że interwencja ta powinna być ukierunkowana na potęgowanie tych elementów środowiska, które korzystnie wpływają na zdrowie, eliminowanie zaś tych, które uniemożliwiają czy ograniczają możliwość uwzględniania w codziennym życiu praktycznych wskazań w zakresie aktywności sprzyjającej zdrowiu. Sprawą kluczową w tak rozumianej promocji zdrowia okazało się uczestnictwo ludzi w definiowaniu problemów zdrowotnych i podejmowaniu decyzji dotyczących poprawy środowiskowych determinant zdrowia oraz budowanie polityki prozdrowotnej w różnych obszarach życia społecznego[4].

Kwestią znacznej roli, jaką we współczesnej wizji promocji zdrowia przypisuje się jednostkom i społecznościom, podkreślają K.Tones i J.Gregen, nadając jej miano modelu ukierunkowanego na upodmiotowienie. Kluczową jego cechą jest wskazanie na tkwiące w człowieku zdolność i moc do sprawowania kontroli nad własnym zdrowiem oraz środowiskiem, które uczestniczy w jego kreowaniu. Akcent kładzie na aktywność jednostek i społeczności, dobrowolność oraz swobodę decyzji i wyborów[7].

Tak rozumiana promocja zdrowia wyznacza szczególną rolę edukacji zdrowotnej, dzięki której ten potencjał mocy i zdolności człowieka może zostać wydobyty, umożliwiając człowiekowi podejmowanie skutecznych działań na rzecz zdrowia, w których jest aktywnym podmiotem.

Według M.Barcia promocja zdrowia obejmuje edukację do zdrowia oraz działania ukierunkowane na zmiany w środowisku rodzinnym, społecznym, w funkcjonowaniu służb społecznych oraz na tworzenie w społeczeństwie systemu wsparcia [16].

Promocja zdrowia jest związana z jakością życia, za którą są odpowiedzialni wszyscy ludzie tworzący życie społeczne. Potrzebne są umiejętności, aby można było ten cel osiągnąć.

W promocji zdrowia osiągnięcie celów uzależnione jest od metod, podejścia i sposobów realizowania. Propozycje rozwiązania problemów zdrowotnych opierają się na rozwiązywaniu poprzez tzw. podejście siedliskowe, „ *od ludzi do problemu*" zamiast „ *od problemu do ludzi*" oraz zmodyfikowane uczestnictwo społeczności. Siedlisko rozumiane jako miejsce, w którym ludzie spędzają swoje życie. Zatem w każdej populacji jest wiele siedlisk- miejsc, w których przebiega ludzkie życie. Każde z tych siedlisk ma ustalone normy i prawa, a siedliska te są w różnym stopniu ze sobą powiązane, każde z nich ma swoiste problemy, które ostatecznie wpływają na samopoczucie i zdrowie żyjących w nich osób. Proces promowania zdrowia zaczyna się od identyfikacji właśnie tych problemów. W podejściu siedliskowym chodzi o to, aby działania na rzecz zdrowia podejmowane w jednym siedlisku były wspierane w innych siedliskach. Podejście „ *od ludzi do problemu*" ma na celu uświadomienie problemu i szukanie sposobu rozwiązania, mającego charakter podmiotowy, który ma za zadanie pobudzanie jednostki i grupy do własnej aktywności na rzecz promowania zdrowia. Zadaniem osób lub instytucji jest wspieranie ludzi w rozwiązywaniu problemów. Wsparcie to nie może mieć charakteru dyrektyw odgórnych. Osoby lub instytucje nie mogą spełniać radykalnej roli, ich zadaniem jest wspomaganie i dostarczanie informacji, organizowanie kształcenia i udzielanie konsultacji w zależności od potrzeb[16].

Wiedza społeczeństwa dotycząc zdrowia jest niewystarczająca, czego dowodem jest pogarszająca się od wielu lat sytuacja zdrowotna i dalsza ekspansja czynników zagrażających zdrowiu. Celem promocji zdrowia jest niewątpliwie zmniejszenie zachorowalności i przedwczesnej umieralności. Pojawienie się promocyjnego podejścia do zdrowia było logiczną konsekwencją nowych zjawisk w medycynie współczesnej, a wśród nich pozytywnego rozumienia zdrowia.

Jedną z głównych przyczyn rozwoju medycyny zapobiegawczej jest być może „przewrót epidemiologiczny", czyli zmiana profilu chorób ze względu na konsekwencję dla jednostki i społeczeństwa. Współczesne najczęstsze choroby to: choroby układu krążenia, choroby nowotworowe.

Zmniejszenie poziomu umieralności, szczególnie w odniesieniu do chorób serca i układu krążenia, które w Polsce ( podobnie jak i w innych krajach) są przyczyną ponad połowy wszystkich zgonów stało się celem priorytetowym Narodowego Programu Zdrowia[9].

Cytowana w Polsce definicja promocji zdrowia mówi o „ zwiększeniu kontroli ludźmi nad własnym zdrowiem"[9].

Można tego dokonać m.in. przez dostarczenie społeczeństwu wiedzy o czynnikach kształtujących zdrowie, co sprzyja dokonywaniu racjonalnych wyborów i przyjmowaniu wzorców prozdrowotnego stylu życia.

Należy jednak pamiętać, że zakres swobody tych wyborów ograniczany jest przez warunki ekonomiczno- społeczne. Edukacja zdrowotna społeczeństwa rodzi pewne problemy etyczne. Istniejące struktury i funkcje instytucji ochrony zdrowia zarówno medyczne, jak i pozamedyczne nie są dostosowane do zadań promocyjnych. Nowe rozwiązania organizacyjne muszą służyć szerszemu włączeniu różnych instytucji do systemu przede wszystkim rodziny, domu, społeczności lokalnej. W tradycyjnych organizacjach medycznych działania promocyjne powinny znaleźć instytucjonalne miejsce obok działań naprawczych. Potrzebne jest tworzenie nowych, wyspecjalizowanych instytucji, np. ośrodków promocji zdrowia[9,16].

Rozwój promocji zdrowia w naszym kraju musi być oceniany ambiwalentnie. Odnotowując z satysfakcją powstawanie zakładów naukowych zajmujących się promocją zdrowia i pojawienie się specjalistycznych czasopism naukowych nie należy zapominać o trudnościach i przeszkodach hamujących działania promocyjne. Jest to przede wszystkim brak wiedzy o tym, czym jest promocja zdrowia, identyfikowanie jej z profilaktyką i edukacją zdrowotną. Drugim niekorzystnym zjawiskiem jest brak profesjonalnych promotorów zdrowia i bardzo ograniczone możliwości ich szkolenia. Ważnym, a całkowicie pomijanym problemem, jest marketing promocji zdrowia. Promocja zdrowia w Polsce sama potrzebuje promocji zarówno wśród profesjonalistów opieki zdrowotnej, jak i jej podopiecznych. Nadanie działaniom marketingowym form organizacyjnych oraz ich rozwój wydaje się koniecznym warunkiem sprawnego funkcjonowania instytucji ochrony zdrowia w Polsce [9].

*Zadania pielęgniarki w procesie promocji zdrowia u chorych z zaawansowaną chorobą nowotworową.*

Żyjemy w świecie, w którym coraz trudniej zachować zdrowie. Skażenie środowiska i choroby cywilizacyjne zbierają coraz obfitsze żniwo. Nowotwory są zaliczane do grona chorób cywilizacyjnych, co oznacza, że ich przyczyną jest współczesny styl życia, uwarunkowany przez zatrute środowisko naturalne, przemysł, alkohol, tytoń i inne używki, ale przede wszystkim przez złą dietę.

Profilaktyka i przeciwdziałanie chorobom ma znacznie dłuższą tradycję niż promocja zdrowia. Stąd też zdecydowanie łatwiejsze było wskazanie danych, które powinna zgromadzić pielęgniarka, planująca pracę z człowiekiem zdrowym w celu zapobiegania chorobom niż w celu promocji zdrowia. Należy pamiętać, że obydwa te działania promocyjne i zapobiegawcze są wobec siebie komplementarne. W związku z tym jedne i drugie mogą wzajemnie się wspomagać i uzupełniać. Podkreślenia wymaga fakt, że promocja zdrowia w stopniu jeszcze większym niż profilaktyka uwzględnia szerokie spektrum czynników kształtujących warunki życia oraz zwraca uwagę na wpływ tych warunków na ogólny wymiar zdrowia człowieka, przede wszystkim w znaczeniu jego kontrolowania i zwiększania. Możliwość promocji zdrowia pojawia się dopiero wówczas, gdy wyeliminowane lub przynajmniej znacznie zminimalizowane są sytuacje ograniczające, blokujące szansę oddziaływania na własne zdrowie. Istotnym warunkiem promocji zdrowia staje się także kwestia środowisk wspierających zdrowie.

Dla indywidualnego człowieka środowiskiem wspierającym zdrowie, o nadzwyczajnym charakterze, jest rodzina. Ukierunkowanie na promocję zdrowia obejmuje przygotowanie lub pomoc rodzinie w kierowaniu sprawami swojego zdrowia. Pielęgniarka występuje tutaj w charakterze doradcy, konsultanta, nauczyciela. Jest to funkcja wyraźnie pomocnicza w stosunku do rodziny, która staje się głównym podmiotem kontrolującym i kształtującym własne zdrowie. Pomocnicza rola pielęgniarki wymaga jednak określonego, profesjonalnego podejścia.

Ważną kwestią może okazać się również środowisko kulturowe i uznane w tym środowisku wzory zachowań dotyczące zdrowia, świadomości zdrowotnej oraz system wartości i preferencje życiowe przyjęte przez poszczególne osoby lub całą rodzinę i wytyczone przez środowisko cele życiowe, które mogą okazać się konkurencyjne dla zdrowia [10].

Zdrowie nie zawsze jest postrzegane odpowiednio do swej wartości, szczególnie, gdy człowiek młody nie odczuwa żadnych dolegliwości. W tej sytuacji kosztem zdrowia zdobywa inne wartości, nie do końca zdając sobie sprawę, że to ono właśnie jest często narzędziem i jednym z warunków ułatwiających realizację wybranych celów. Rolą pielęgniarki, lekarza i innych pracowników służby zdrowia jest przekazywanie informacji o ryzyku i proponowanie prozdrowotnych zachowań. Obowiązkiem państwa jest kształtowanie polityki prozdrowotnej społeczeństwa. Dotyczy to m.in. przeznaczenia środków na oświatę zdrowotną, prowadzenie polityki cenowej promującej np. zdrowe produkty oraz działań zmniejszających ryzyko środowiskowe ( np. skażenia środowiska, poprawa jakości wody pitnej). Jeśli dobrze będą spełnione obowiązki pracowników służby zdrowia i państwa, to można powiedzieć, że ryzyko zachorowania na nowotwory złośliwe będzie zależeć głównie od świadomie wybranego stylu życia danej osoby.

Promocja zdrowia w odniesieniu do chorób czy niepełnosprawności może się jawić początkowo jako pojęcie sprzeczne, nielogiczne, a nawet niezrozumiałe. Czyż choroba nie wyklucza zdrowia? Jeżeli jednak zdrowie rozumiemy jako zdolność do najpełniejszego wykorzystania swoich fizycznych, psychicznych i społecznych możliwości, zdolność do prowadzenia satysfakcjonującego życia, to założenia tego procesu odnoszą się praktycznie do wszystkich ludzi, niezależnie od ich aktualnego stanu zdrowia czy stanu sprawności fizycznej. W każdej sytuacji bowiem, nawet w sytuacji choroby nowotworowej ograniczającej w sposób obiektywny niektóre funkcje człowieka, istnieje możliwość osiągania maksimum swoich psychicznych, fizycznych i społecznych możliwości. Choroba nowotworowa nie limituje funkcjonowania człowieka w takim stopniu, aby nie można było twórczo korzystać z pozostałego potencjału, aby życie mogło być znaczące i satysfakcjonujące. Co więcej, istniejący potencjał może być wzmacniany i powiększany, a zaburzone czynności odtworzone przy pomocy mechanizmów kompensacyjnych. Obserwacje życia ludzi poważnie chorych pokazują nierzadko, że ci, którzy doznali uszczerbków na zdrowiu, bardziej niż inni doceniają jego wartość i skłonni są do wielu starań, a nawet wyrzeczeń, jeżeli wpłyną one korzystnie na ich stan zdrowia [2].

Nauczenie się życia ze świadomością bycia ciężko chorym to długa i ciężka droga. Dużym obciążeniem psychicznym dla osób dotkniętych chorobą nowotworową jest m.in. poczucie realnej śmierci, izolacji społecznej oraz lęk przed przyszłością rodziny. Wynikiem tego może być brak akceptacji własnej osoby, niska samoocena, utrata sensu życia. Pokonanie tej sytuacji możliwe jest w oparciu o stały kontakt z osobami nie tylko znającej taką problematykę, ale i potrafiącymi udzielić tak ważnego w tym wypadku wsparcia. Udzielanie tego rodzaju pomocy chorym na choroby nieuleczalne leży również w gestii pielęgniarek, będąc wyzwaniem dla ich profesjonalizmu, sprawdzianem ich „człowieczeństwa" i humanitaryzmu.

Ważnym elementem akceptacji i przystosowania do życia z chorobą jest znajomość prognozy swojej choroby czy ograniczeń ( dynamiki postępujących dolegliwości), na podstawie której można przewidzieć ewentualne konsekwencje choroby dla dalszego życia. Świadome kontrolowanie przebiegu choroby sprzyja na ogół jej akceptacji, zapobiega bolesnym rozczarowaniom, związanym z nadmiernymi nadziejami na wyzdrowienie, czy powrót do pełnej sprawności, a także pozwala na poczucie podmiotowości we własnym cierpieniu. Wiele problemów emocjonalnych i stresów jakich doświadczają chorzy nie są symptomem ich choroby, ale przejawem „ wysiłku adaptacyjnego", wyrazem mozolnych prób poradzenia sobie z istniejącą sytuacją. Ich zachowania nie zawsze jednak są rozumiane i interpretowane przez otoczenie w taki sposób. Wymaga to często przepracowania postaw otoczenia, szczególnie w przypadkach tych chorób, które są społecznie stygmatyzowane, otaczane lekiem lub negatywnie postrzegane[2].

Realizacja zasad promocji zdrowia na etapie aktywnego rozwoju choroby, występowania objawów wynikających z choroby nowotworowej, gdzie następuję wyraźne zaburzenie funkcjonowania poszczególnych układów i narządów, nieraz znaczne dolegliwości bólowe, cierpienie natury fizycznej i psychicznej, będzie polegać na dążeniu do normalizacji sytuacji. W przypadku choroby nowotworowej szereg poważnych dolegliwości związanych z samą chorobą czy uciążliwościami terapii towarzyszą na ogół zaburzenia psychospołeczne- mogą więc pojawić się lęki, niepokoje, stany depresyjne, poczucie beznadziejności, bezradności rzutujące także na interakcje międzyludzkie. Pojawia się tendencja do wycofywania się z kontaktów z innymi ludźmi, pogłębianie się samotności. Wiąże się to także niejednokrotnie ze stresującymi obserwacjami własnego ciała, które wskutek wyniszczającej choroby staje się przedmiotem żalu, zażenowania i poczucia zmniejszonej wartości. Na tym etapie promocja zdrowia winna koncentrować się właśnie na psychospołecznych aspektach choroby [17].

Dążenie do normalizacji sytuacji będzie tym elementem, który pozwoli na zwiększenie kontroli nad własnym zdrowiem, zarówno jego aspektami psychicznymi jak i somatycznymi. Istnieją wyniki badań, które potwierdzają, że skuteczne radzenie sobie z chorobą wpływa korzystnie na mobilizację zasobów odpornościowych organizmu, a więc wywiera pewien wpływ na procesy somatyczne. Ogromną rolę należy tu przypisać odpowiedniemu wsparciu społecznemu, które pozwoli choremu utrzymać znaczące relacje interpersonalne, nauczy sposobów radzenia sobie z chorobą i życia z nią na co dzień, a także dostarczy niezbędnej, konkretnej pomocy. Wsparcie powinno być udzielane zarówno przez personel leczący, przez najbliższe otoczenie pacjent, a także przez celowo organizowane grupy samopomocy [2].

W Polsce dobrym przykładem działalności tego rodzaju wsparcia jest grupa „Amazonek" otaczająca opieką kobiety, oczekujące na mastektomię oraz kobiet będących już po zabiegu mastektomii. Opieka paliatywna jest taką formą wsparcia, która udziela całościowej opieki nad chorym w zaawansowanej fazie choroby nowotworowej. Troska o zaspokojenie wielorakich potrzeb chorego oznacza jednocześnie troskę o jakość jego życia, wyznaczając tym samym kolejną ważną zasadę postępowania, którą jest poprawa jakości życia chorych.

Kolejnym etapem wdrażania działań z zakresu promocji zdrowia jest życie w szerszym społeczeństwie, wykraczające poza placówkę medyczną czy dom rodzinny. Oznacza to podjęcie i wykonywanie wielu ról społecznych, kontakty z różnymi środowiskami i instytucjami społecznymi, zwiększenie się społecznej przestrzeni, w której osoba chora przebywa. Ten rodzaj funkcjonowania określa się czasem jako funkcjonowanie „zdrowego chorego człowieka". Istotną cechą tego etapu będzie zrozumienie i akceptacja przez osoby chore, że powrót do zdrowia nie musi oznaczać powrotu do sytuacji sprzed choroby, ale może polegać także na wypracowaniu nowego stylu życia, pozwalającego na skuteczne radzenie sobie z chorobą, prowadzenie maksymalnie pełnego i niezależnego życia, w którym jest miejsce na samorealizację i rozwój osobisty[2,4].

Taką formę pomocy w opiece paliatywnej realizują oddziały dziennego pobytu, które skupiają chorych z niepoddającą się leczeniu chorobą nowotworową. W oddziałach tych także podejmowana jest edukacja zorientowana na promocję zdrowia, która ma pomóc w utrzymaniu istniejącego poziomu sprawności, zakresu samodzielności, a nawet jeśli to możliwe, potęgowaniu sprawności i samodzielności. Działanie ukierunkowane jest także na utrzymanie właściwych więzi emocjonalnych z rodziną.

Promocja zdrowia na tym etapie może pomóc w obniżeniu poczucia lęku, i przygnębienia, spowodować wzrost wiary we własne możliwości, wzmóc w nich wolę życia i gotowość do pełnienia ważnych dla nich ról społecznych w życiu rodzinnym, małżeńskim, w kręgu zawodowym, środowisku zamieszkania. Wymaga to jednak nie tylko oddziaływań na samą osobę chorego, ale także jej najbliższe i dalsze środowisko. Wysiłkom podejmowanym przez osobę chorą musi towarzyszyć bowiem atmosfera zrozumienia, przyzwolenia, motywacji do działania. Tym samym promocja zdrowia ma jeszcze raz do spełnienia zadania nie tylko związane z oddziaływaniem na chorego, ale także z edukacją społeczną, z kształtowaniem właściwych postaw wobec choroby i chorych[2,11].

Działania profilaktyczne stanowią ważny element systemu ochrony zdrowia. Skuteczność tych działań wymaga jednak aktywnego udziału ludzi, zależy od ich wiedzy, umiejętności oraz gotowości do współdziałania z pielęgniarką, a także od samooceny własnego zdrowia. Tę wiedzę i umiejętności powinien człowiek nabyć w procesie edukacji. Pielęgniarki zajmują się głównie opieką nad pacjentem i jego rodziną, ale nie ich leczeniem. Opieka i praktyka pielęgniarska bez względu na podstawy teoretyczne muszą obejmować promocję zdrowia. Promocja zdrowia w pracy pielęgniarki to wykonanie poszczególnych zabiegów pielęgnacyjnych, ale jest to działanie, które ożywia i przenika każdy aspekt opieki pielęgniarskiej. To zintegrowane podejście powinno być równomiernie stosowane w każdej specjalizacji pielęgniarstwa, w przypadku opieki nad pacjentem z ostrym stanem chorobowym, czy w przypadku choroby nowotworowej, gdzie nie podlega już leczeniu przedmiotowemu, a jedynie objawowemu.

Związek pomiędzy promocją zdrowia, a praktyka pielęgniarską jest niezwykle istotny dla powszechnej filozofii pielęgniarskiej. Promocja zdrowia, zamiast być traktowana marginalnie, jako dodatek, została mocno osadzona w sferze praktyki pielęgniarskiej [11].

Promocja zdrowia tak jak wszelkie inne aspekty opieki pielęgniarskiej, musi być dopasowana do indywidualnych okoliczności i stanowi integralną część pielęgniarstwa. Opiera się na określeniu potrzeb, jest to centralny element opieki pielęgniarskiej i jest kluczową częścią procesu pielęgnowania. Ważne jest, aby pielęgniarki zdały sobie sprawę ze swojej silnej pozycji w procesie oceny potrzeb, ponieważ są odpowiedzialne za zidentyfikowanie potrzeb zdrowotnych, w tym promocji zdrowia. Inicjatywy promocji zdrowia często kończą się porażką, ponieważ pracownicy służby zdrowia nie potrafią właściwie ocenić potrzeb człowieka chorego już na samym początku procesu.

*Edukacja zdrowotna w promocji zdrowia.*

Zmiany w zakresie sposobów rozumienia i definiowania zdrowia dokonały się niewątpliwie dzięki włączeniu problematyki dotyczącej ludzkiego zdrowia w obszar zainteresowań pozamedycznych dyscyplin naukowych, zwłaszcza psychologii, socjologii. Prezentowana obecnie przez nauki społeczne koncepcja zdrowia i jego uwarunkowania są wystarczającym uzasadnieniem do uznania, że zdrowie może być przez ludzi pozyskiwane w procesie edukacji.

Termin *edukacja* pochodzi od łacińskiego słowa „*educare*", które znaczy wyprowadzać, tj. wyprowadzać, wykierować kogoś na ludzi. Edukacja zatem jest to ogół procesów, których celem jest kształcenie ludzi, przede wszystkim dzieci i młodzieży, stosownie do panujących w danym społeczeństwie ideałów i celów wychowawczych. Znaczenie terminu edukacja na przestrzeni dziejów było różne, niektórzy kojarzyli je z wykształceniem, inni w wychowaniem. Współcześnie przyjmuje się, że edukacja obejmuje nie tylko to, co do tej pory nazywano wychowaniem czy kształceniem, ale również wspieranie rozwoju, kształtowanie postaw, samokierowanie własnym rozwojem [17].

Jeśli przyglądamy się losom edukacji zdrowotnej z perspektywy minionych kilku dziesięcioleci, to nie ulega wątpliwości, iż jednym z ważniejszych czynników, który zapoczątkował proces kształcenia się nowoczesnej wizji tej dyscypliny, była radykalna zmiana w sposobie rozumienia uwarunkowań zdrowia, która dokonała się w znacznym stopniu w wyniku przemiany w obrazie chorób, jaka nastąpiła w krajach wysoko uprzemysłowionych. W miejsce chorób zakaźnych naczelnym problemem stały się choroby przewlekłe, silnie powiązane ze stylem życia człowieka i cechami jego środowiska. Właśnie analiza ich uwarunkowań, w pierwszym rzędzie uwarunkowań chorób układu krążenia zwróciła uwagę na konieczność wyjścia z rozważań na temat etiologii, poza czynniki biomedyczne [5].

Należy podkreślić, że w ostatnich dziesięcioleciach dokonała się istotna zmiana w podejściu do edukacji zdrowotnej. Tradycyjne podejście to „ model medyczny". Traktuje on człowieka jako „ łatwo psującą się maszynę". Przyczyną uszkodzenia tej „ maszyny" może być choroba. Tradycyjnie medycyna zajmuje się chorym organizmem człowieka. Tradycyjna edukacja zdrowotna wyrosła z nauk medycznych, koncentrowała się na zapobieganiu powstania uszczerbku na zdrowiu między innymi poprzez zdrowy styl życia. Podejście ekologiczne w edukacji zdrowotnej podkreśla rolę i potrzebę zrozumienia czynników psychologicznych i społecznych w powstawaniu równych problemów zdrowotnych. Niezależnie od rodzaju problemów (palenie papierosów, złe odżywianie, aktywność fizyczna, stres) istotną rolę w ich powstawaniu odgrywają czynniki związane z osobowością człowieka, relacjami z innymi ludźmi, organizacją życia, polityką społeczną i lokalną. Koncepcja promocji zdrowia eksponuje w edukacji zdrowotnej pozytywne, całościowe i społeczne podejście do zdrowia. Koncentruje się na ułatwieniu ludziom zrozumienia ich problemów zdrowotnych, na pomocy w dokonywaniu właściwych wyborów oraz kształtowaniu odpowiedzialności za własne zdrowie i innych [16].

Mimo że edukacja zdrowotna jest tylko jednym z aspektów i instrumentów działań promocyjnych, zasługuje na oddzielne omówienie ze względu na duży potencjalny wpływ na zdrowie populacji. Postawy, zachowania i inne elementy stylu życia wpływają na długość i jakość życia. Jednym z głównych problemów oświaty zdrowotnej jest związek określonych zachowań ludzi z ich zdrowiem [16].

Według Smitha, edukacja zdrowotna to głównie wiedza, ale także przekonania, zachowania oraz sposoby i style życia, które mają na celu utrzymanie zdrowia na określonym poziomie poprzez :

1. zmianę sposobu myślenia o zdrowiu i sensie jego promowania,

2. zwiększanie skuteczności oddziaływania i kontroli nad własnym zdrowiem.

Podstawowymi technikami w procesie zmian zachowań dotyczących zdrowia są:

1. dostarczanie adekwatnych informacji,

2. perswazja używana w celu motywowania,

3. uczenie umiejętności praktycznych,

4. interakcja ze środowiskiem w celu uzyskania wsparcia społecznego i tworzenia warunków dla zmiany [8,11].

Koncepcja edukacji zdrowotnej wg Smitha oparta jest o szerokie rozumienie zdrowia jako procesu nieustannego odtwarzania dobrego samopoczucia (dobrostanu) w wymiarze społecznym, psychicznym i fizycznym jako wieloaspektowego zjawiska interakcji pomiędzy ludźmi oraz ich społecznym i fizycznym środowiskiem w rozumieniu integracyjnym, tj. równowagi między człowiekiem a otoczeniem. Bazą dla koncepcji edukacji zdrowotnej stała się model ekologiczny zdrowia, wykorzystujący filozofię holistyczną. Model ten został opracowany w Departamencie Zdrowia Publicznego w Toronto w Kanadzie w 1974r.- obrazuje ekosystem człowieka, w którym figura koła symbolizuje wszechświat [16,17].

Innowacją tego systemu jest zwrócenie uwagi na styl życia i środowisko, jako istotne czynniki warunkujące zdrowie. Obok ww. modelu zdrowia istnieją także modele edukacji zdrowotnej zorientowanej na: chorobę, czynniki ryzyka i zdrowie. Dwa pierwsze ukierunkowane są na chorobę lub czynniki ryzyka i są odległe od promocji zdrowia, ich głównym celem jest zapobieganie określonym jednostkom chorobowym i czynnikom ryzyka w tych chorobach. Model edukacji zdrowotnej zorientowanej na czynniki ryzyka ukazuje fakt wywoływania różnych chorób poprzez ten sam czynnik, uwzględnia konieczność współpracy interdyscyplinarnej. Koncentruje się na unikaniu zaburzeń zdrowia, nie wskazuje na korzyści „bycia zdrowym". Edukacja zdrowotna powoduje, że następują zmiany sposobów życia, zachowań negatywnych na pozytywne, a także podtrzymuje pozostawanie jedynie w atmosferze pozytywnych stylów życia. Zachęca do dokonywania korzystnych dla zdrowia wyborów poprzez dostarczanie wiedzy i udziela wsparcia. Jest rodzajem działania, które sprawia, że np. zmiana diety, rzucenie palenia staje się podstawą do dalszych decyzji ukierunkowanych na zdrowie i jego ochronę. Oczywiste jest, że edukacja zdrowotna jako element promocji zdrowia nie może ograniczać się jedynie do koncentrowania się na jednostkach, ich zdrowiu oraz zagrażających mu zachowaniach. Promocja zdrowia wymaga różnych form edukacji, skierowanych na grupy, w tym grupy profesjonalne, organizacje i całe społeczeństwo. Oznacza to zdecydowane odejście od tradycyjnie pojmowanej edukacji zdrowotnej, wiązanej głównie ze zmianą zachowań, zagrażających zdrowiu jednostek.

Dlatego też w aspekcie kultury zdrowotnej ważna staje się reorientacja aksjologiczna odnosząca się do wartości zdrowia, pozwalająca człowiekowi na wgląd w siebie oraz relacje z drugim człowiekiem. Wydaje się, że we współczesnej edukacji powinno się kłaść szczególny nacisk na współodpowiedzialność każdego człowieka za obecną postać kultury zdrowotnej oraz na potrzebę zmiany indywidualnego myślenia i działania na myślenie i działanie w wymiarze społecznym. Jest to próba wskazania potrzeby podejmowania przez każde społeczeństwo ciągłego wysiłku rozpoznawania własnej sytuacji w zakresie kultury zdrowotnej, jak również troska o poprawność komunikacji zdrowotnej, decydującej nieraz o wyborach zdrowotnych człowieka [4].

Zadaniem edukacji zdrowotnej nie powinno być narzucanie człowiekowi konkretnych rozwiązań poszczególnych problemów związanych ze zdrowiem, ale doprowadzenie do takiego ich zrozumienia, aby mógł on świadomie postępować. Promocja zdrowia dotyczy wielu interdyscyplinarnych problemów, takich jak np. czynniki ryzyka oraz działania edukacyjne, zmierzające do wskazania sposobów uniknięcia najczęstszych chorób, obejmuje także społeczną odpowiedzialność za własne zdrowie. Promocja zdrowia staje się ważnym elementem w edukacji i znacznym stopniu decyduje o zdrowiu społeczeństwa.

*Działania edukacyjne w pracy pielęgniarki z pacjentem. (potrzeby edukacyjne chorych w opiece paliatywnej).*

Kontakt z chorymi w terminalnej fazie choroby nowotworowej oraz osobami zaangażowanymi w ruch hospicyjny spowodowały konieczność weryfikacji poglądów dotyczących chorych objętych opieką paliatywną. Osoby chore, wbrew powszechnym opiniom, chcą się uczyć mimo ciężkiej, nieuleczalnej choroby. Niestety dopiero w takiej sytuacji nabierają ochoty do nauki lub mają na nią czas. Zmiany w systemie wartości, obyczajach, postęp medycyny powodują konieczność opracowania dla pacjentów nieuleczalnie chorych odpowiednich form kształcenia i organizacji czasu wolnego. Człowiek chory nabywa nowych umiejętności życiowych, pozwalających na zaakceptowanie zaistniałej sytuacji nieuleczalnej choroby.

Według definicji WHO „umiejętności życiowe" to umiejętności umożliwiające człowiekowi pozytywne zachowanie przystosowawcze, dzięki którym skutecznie radzi sobie z zadaniami i wyzwaniami codziennego życia. Termin ten obejmuje kompetencje osobiste, społeczne, interpersonalne, poznawcze, afektywne. Nie są nim objęte umiejętności w zakresie fizycznej strony funkcjonowania człowieka (np. pielęgnacji ). Osoby chore zaczynają się uczyć, aby móc ocenić i zaakceptować swoją sytuację, to motywuje ich do sięgnięcia po prace z zakresu medycyny. Poprzez zdobywanie wiedzy, chcą dostosować swoje potrzeby, zainteresowania do fizycznego stanu organizmu i psychicznego samopoczucia, chcą przygotować się o kolejnych etapach choroby. Obok książek ważnym źródłem informacji dla chorych są czasopisma, audycje radiowe i telewizyjne. Powszechne przekonanie o ograniczonych możliwościach intelektualnych nieuleczalnie chorych w wielu przypadkach są nieuzasadnione. Edukacja zdrowotna jest jednym ze złożonych działań podejmowanych przez pielęgniarki na rzecz podopiecznych. Na edukację realizowaną przez pielęgniarki wobec pacjentów składają się różne działania. Są to zarówno jednorazowe, okazjonalne czynności w postaci np. krótkiej informacji lub instruktażu, jak i działania podejmowanego w ramach procesu nauczania opartego na gruntownym rozpoznaniu deficytu wiedzy i umiejętności u pacjenta zorientowanego na cel [14].

W praktyce opiekuńczej edukacja zorientowana jest na działania wobec podmiotu opieki, których celem jest przekazanie niezbędnej wiedzy. Edukacja pacjenta wykracza poza proste informowanie, a kładzie nacisk na postawy i zachowania. Podstawą skutecznej edukacji jest dobrowolna współpraca i aktywny udział chorego oraz jego rodziny. Edukacja pacjenta jest częścią składową szerszego pojęcia, jakim jest edukacja zdrowotna, które odnosi się także do pojęcia zdrowia nie tylko osoby pacjenta [15].

Edukacja jest procesem zamiennego oddziaływania na pacjenta i osoby z najbliższego otoczenia w zakresie: wpływania na motywy, przekonania i postawy w odniesieniu do pojmowania wartości zdrowia, kształtowania poczucia odpowiedzialności za własne zdrowie, kształtowanie umiejętności życia z chorobą, przygotowanie do współpracy w procesie pielęgnowania, leczenia, przygotowania do samopielęgnowania i samoopieki. Właściwie prowadzona edukacja umożliwia pacjentowi uzyskanie niezbędnej wiedzy o chorobie i sposobach radzenia sobie z jej skutkami. Dzięki temu może przyczynić się do obniżenia lęku, pozyskania pacjenta do współpracy oraz do pełniejszej i szybszej akceptacji metod leczenia i następstw choroby. Odpowiedni poziom wiedzy, umiejętności i motywacji pozwala pacjentowi na zachowanie autonomii i współuczestniczenia w procesie diagnostyczno- terapeutycznym oraz przygotowania go do samoopieki. Coraz częściej uznaje się proces edukacji pacjenta za element opieki i leczenia odgrywający istotną rolę w kontrolowaniu chorób przewlekłych, przyczyniających się do poprawy jakości życia pacjentów, nawet spadku śmiertelności i obniżenia kosztów leczenia [15,17].

Właściwe szkolenia, dostosowane do wykształcenia, światopoglądu, wieku pacjenta znacznie uzupełniają terapię i poprawę jej efekty przez zmniejszenie stresu, redukcję bólu, poprawienie ogólnego samopoczucia, skrócenia czasu hospitalizacji.

Często choroba sprzyja odtwarzaniu w pamięci swoich przeżyć, przygód, sukcesów i porażek, dokonania analizy z innej perspektywy. Chorzy odczuwają potrzebę poszerzenia wiedzy, sięgania po nowe źródła, nauczenia się sposobów przekazywania jej innym, pozostawienia śladu po sobie. Dokonują bilansu swoich dokonań, analizują i podsumowują swoje dotychczasowe życie. Typowymi zachowaniami chorych jest pisanie pamiętników, porządkowanie pamiątek rodzinnych, przeglądanie starych fotografii. W okresie choroby zmieniają się również zainteresowania kulturalne, pacjenci dostosowują je do własnych możliwości. Czytanie książek, oglądnie telewizji pozwala na chwilę zapomnienia o swojej sytuacji, czasem nawet łagodzi ból. Istotą opieki pielęgniarskiej jest potęgowanie sił witalnych i energii życiowej chorych poprzez wzajemne współuczestnictwo ich i pielęgniarki w procesie osiągania zmian w różnych sytuacjach związanych z chorobą. Środowisko pielęgniarskie może odgrywać szczególną rolę w realizowaniu zadań z zakresu edukacji zdrowotnej. Ustawa o zawodach pielęgniarki i położnej z 1996r. określa edukację zdrowotną jako jeden z obszarów wykonywania zawodu.

Trzeba mocno podkreślić, że profesjonalnie zorganizowana edukacja pacjentów powinna być prowadzona w formie programu, napisanego zgodnie z zasadami, i mieć dokumentację pielęgniarską. Wypracowano już metody skutecznego leczenia bólu, objawów ubocznych choroby nowotworowej, rehabilitacji ruchowej, opracowano standardy pielęgnowania. Trudno jednak uznać za zadawalające metody edukacji chorych. Postawy osób opiekujących się pacjentami wskazują niejednokrotnie na bagatelizowanie potrzeb edukacyjnych i zainteresowań chorych. Za szczególnie istotne należy uznać opracowanie metod zaspokojenia potrzeb edukacyjnych chorych objętych opieką paliatywną.

*Piśmiennictwo*

1. 1.A. Andruszkiewicz, M. Banaszkiewicz (red): Promocja zdrowia. Teoretyczne podstawy promocji zdrowia. Tom I. Lublin 2008.
2. A. Gaweł: (red): Zdrowie- wartość- edukacja. Kraków 2006.
3. B. Woynarowska (red): Kształcenie nauczycieli i pedagogów w zakresie edukacji zdrowotnej. Warszawa 2005.
4. K. Burghofer : Psychoonkologia w chirurgii (w): M. Dorfmuller, H. Dietzfelbinger (red): Psychoonkologia. Diagnostyka – metody terapeutyczne. Wrocław 2011.
5. B.Lenard: Edukacja pacjenta to procedura medyczna (w): Magazyn pielęgniarki i położnej. nr 5, 2007.
6. F.Lwow, A.Milewicz (red): Promocja zdrowia. Wrocław 2004.

7. B.Ślusarska, D.Zarzycka, K.Zachradniczek (red): Podstawy pielęgniarstwa. Wybrane działania pielęgniarskie. Tom II. Lublin 2004.
8. V.Mianowana, A.Wąsik, W.Fidecki, M.Wysokiński, R.Domżał- Drzewiecka: Edukacja zdrowotna pacjentów hospitalizowanych (w): Pielęgniarstwo XXI wieku. Nr 1 (18) 2007.
9. B.Lenard, B.Lenard: Promujemy edukację zdrowotną. Magazyn pielęgniarki i położnej. nr.4, 2006.
10. Cz.Lewicki: Edukacja zdrowotna systemowa analiza zagadnień. Rzeszów 2006.
11. 11.S.Kinghorn, S. Gaines (red): Opieka paliatywna. Wrocław 2012.
12. M. Kosowicz: Psychologiczne aspekty opieki nad umierającymi i ich rodzinami (w):
13. M. Górecki (red): Prawda umierania i tajemnica śmierci. Warszawa 2010.
14. A.Steciwko, D.Kurpas: Rola lekarza rodzinnego w promocji zdrowia(w):
15. F.Lwow, A.Milewicz (red): Promocja zdrowia. Wrocław 2004.
15. K.de Walden- Gałuszko, A.Kaptacz (red): Pielęgniarstwo w opiece paliatywnej i hospicyjnej. Warszawa 2005.
16. K.Wieczorkowska- Tobis, D.Talarska (red): Geriatria i pielęgniarstwo geriatryczne. Warszawa 2008.
17. K.Puchalski, E.Korzeniowska: Dlaczego nie dbamy o zdrowie. Rola potocznych racjonalizacji w wyjaśnieniu aktywności prozdrowotnej (w): W.Piatkowski (red): Zdrowie, choroba społeczeństwo. Studia z socjologii medycyny. Lublin 2004.
18. E. Syrek: Zdrowie i wychowanie a jakość życia. Perspektywy i humanistyczne orientacje poznawcze. Katowice 2008.

# Stwardnienie rozsiane – wyzwania lecznicze, rehabilitacyjne i pielęgnacyjne

*Brus Halina, Cieślar Grzegorz, Gawęda Anna, Boroń Dariusz, Dworniczek Izabela, Sosna Alina, Brus Ryszard*

Stwardnienie rozsiane (Sclerosis Multiplex – SM) jest przewlekłym schorzeniem charakteryzującym się wieloogniskowym uszkodzeniem ośrodkowego układu nerwowego (OUN), w którym stwierdza się rozsiane ogniska demielinizacji zarówno w mózgu jak i rdzeniu kręgowym. Uszkodzenia dotyczą głównie osłonek mielinowych co prowadzi do upośledzenia przekazywania impulsów nerwowych. Choroba zazwyczaj rozpoczyna się w młodym wieku między 20 a 40 rokiem życia z przewagą zachorowań u kobiet. Schorzenie to zostało po raz pierwszy opisane przez J. Charcota w 1868 r. [1]. W Europie aktualnie na SM choruje ok. 350 000 a w Polsce ok. 40 000 osób. U jej podłoża leżą zaburzenia genetyczne a także czynniki środowiska.

Mechanizm schorzenia nie jest dokładnie poznany, lecz uważa się, że na skutek wyżej wymienionych uwarunkowań dochodzi do zmian funkcji systemu immunologicznego, który zaczyna atakować i uszkadzać osłonkę mielinową włókien nerwowych OUN. Odczyn ma początkowo charakter zapalny prowadząc w efekcie do demielinizacji włókien nerwowych. Przewodnictwo nerwowe (głównie w rdzeniu kręgowym) spowalnia się by w konsekwencji ulec całkowitemu ustaniu. W mózgu powstają ogniska uszkodzeń, które prowadzą do zaburzeń o różnym przebiegu i natężeniu, takich jak niedowłady kończyn, zaburzenia równowagi i koordynacji, widzenia i czucia, zaburzenia oddawania moczu i stolca, zmiany stanów emocjonalnych, pamięci, kojarzenia. Często chorobie towarzyszą depresje i psychozy. Chory jest osłabiony, zmęczony. Wykazują trudności w kontakcie z otoczeniem. Powyższe utrudnia leczenie jak też rehabilitację [2, 3]. Czynnikami inicjującymi SM u kobiet często jest poród a ponadto zakażenia wirusowe, toksyny środowiskowe, głęboki stres itp.

Pierwszymi objawami są zazwyczaj zaburzenia widzenia, równowagi i koordynacji. Natomiast przebieg schorzenia jest indywidualny, od wieloletniego i łagodnego z powolnym nasilaniem objawów patologicznych do stosunkowo krótkiego z szybkim narastaniem zaburzeń i śmierci w ciągu ok. 20 lat od zdiagnozowania. Wyróżnia się głównie cztery postacie przebiegu schorzenia a mianowicie: (1) z rzutami i remisjami, (2) wtórnie postępującą, (3) pierwotnie postępującą i (4) postę-pującą z rzutami [2]. Nowoczesne współczesne metody diagnostyczne jak rezonans magnetyczny a także badania biochemiczne zawartości immunoglobulin pozwoliły na lepszą diagnozę schorzenia i monitorowanie jej przebiegu. O ile rezonans magnetyczny pozwala ustalać zmiany zwyrodnieniowe w OUN o tyle ocena zmian zawartości poszczególnych immunoglobulin we krwi ułatwia domyślać się czynnika etiologicznego a także śledzić postęp terapii. U chorych na SM stwierdzono liczne zaburzenia w zawartości patologicznych przeciwciał w tym też skierowanych przeciw DNA określonych wirusów i bakterii [4-6]. Istnieją sugestie, iż w etiopatogenezie SM odgrywa rolę niedobór określonych czynników biologicznych w tym np. witaminy D. Jej niedobór wykazano u ok. 60-90% chorych [7].

SM mimo różnorodnego przebiegu zawsze prowadzi do niepełnosprawności i upośledzenia samodzielności. Z uwagi na brak ściśle określonego czynnika etiologicznego dotychczasowy sposób leczenia jest mało skuteczny. Leczenie polega na rehabilitacji, odpowiedniej pielęgnacji chorego oraz stosowaniu określonych leków (globulin, steroidów i innych). Stosowane metody co najwyżej opóźniają przebieg schorzenia, zmniejszają liczbę rzutów, lecz nigdy nie doprowadzają do wyleczenia.

Jednym z objawów towarzyszących SM jest stopniowo rozwijające się zwiększone napięcie mięśni poprzecznie prążkowanych, które ogranicza zakres ruchów chorego przyczyniając się do jego niesprawności fizycznej. Wynika ono z poważnych uszkodzeń OUN i zaburzenia funkcji komórek *alfa* rogów przednich rdzenia kręgowego [8-10]. Spastyczność przybiera różne formy i jej manifestacje zależą od miejsca i nasilenia uszkodzenia OUN. Niewielka spastyczność przynosi choremu jedynie dyskomfort podczas gdy zaawansowana znacznie utrudnia samoobsługę i codzienne życie. Często towarzyszy jej ból. Spastyczność w SM dotyczy głównie mięśni kończyn górnych powodując przykurcze palców, dłoni, łokci i barków. Natomiast w kończynach dolnych manifestuje się zmianami ułożenia stopy (np. stopa końsko-szpotawa) oraz innych mięśni utrudniając poruszanie się chorego.

Łagodzenie objawów spastyczności jest trudne i wymaga żmudnej rehabilitacji metodami fizykalnymi (fizykoterapia, kinezyterapia), lekami a nawet zabiegami chirurgicznymi [11-14]. Fizykoterapia uwzględnia czynniki elektryczne, termiczne i mechaniczne, które obniżają napięcie mięśniowe oraz ból. W elektrolecznictwie stosuje się kilka metod jak TENS (Transcutoneous Electric Nerve Stimulation) polegającą na przezskórnej stymulacji nerwów impulsami o częstotliwości 1-100 Hz [15]. Inną metodą jest FES (Functional Electric Stimulation) czyli elektrostymulacja czynnościowa polegająca na oddziaływaniu impulsami elektrycznymi prostokątnymi o częstotliwości 20-50 Hz i czasie trwania impulsu 0.1-0.2 ms [16]. Inną jest metoda Träbera polegająca na stosowaniu prostokątnych impulsów o częstotliwości 143 Hz trwających 2 ms [16]. Kolejna metoda Hufschmidta polega na stymulacji spastycznych mięśni i ich antagonistów podwójnymi impulsami elektrycznymi o przebiegu prostokątnym i małej częstotliwości [17]. Uzupełniającymi metodami stosowanymi w zwalczaniu spastyczności w SM są hydroterapia, ciepłolecznictwo, krioterapia, światłolecznictwo i ultradźwięki co zostało dokładnie opisane przez innych badaczy [13, 14, 18].

W leczeniu objawowym SM z powodzeniem wykorzystywane są zmienne pola magnetyczne stosowane w formie magnetoterapii i magnetostymulacji [19]. Magnetoterapia polega na ekspozycji ciała chorego wolnozmiennymi polami magnetycznymi o częstotliwości do 20 Hz i indukcji kilku mT. Metodą tą uzyskano poprawę u ok. 80% leczonych [20]. Korzystne wyniki magnetoterapii w SM potwierdzono w innych badaniach klinicznych [21-23]. Pierwsze doniesienia o skuteczności magnetostymulacji z wykorzystaniem zmiennego pola magnetycznego o niskich wartościach indukcji (poniżej 100 µT) przedstawił Sandyk w 1992 r. [24]. Wyniki te potwierdzono w kolejnych badaniach Sandyka a także Sieronia i współprac. [25, 26] oraz innych [27]. Należy dodać, że wszyscy chorzy, u których stosowano magnetoterapię i magnetostymulację nie byli pozbawieni innych form leczenia powszechnie stosowanych w SM (kinezy – i fizykoterapia).

Pierwszym lekiem, który zastosowano w SM był interferon typu beta (i jego odmiany jak: *Betaseron, Fiblaferon, Avonex, Rebiff*) stosowany do dzisiaj. Wydaje się, że antagonizuje on interferon □, endogenny mediator procesów zapalnych toczących się w tkance nerwowej. Niestety wieloletnie obserwacje wykazały niewielką skuteczność interferonu beta. Najlepszym okazał się *Avonex* lub *Rebiff* (interferon beta 1-a). Wstrzymują one przebieg i nawroty rzutów chorobowych. Kuracje są długotrwałe i kosztowne, wykazując różnorodną skuteczność u poszczególnych chorych [28].

Kolejnym lekiem wprowadzonym do lecznictwa SM stosunkowo niedawno jest *Glatiramer (Kapolimer-1, Capoxone)*. Jest on polimerem składającym się z kwasu glutaminowego, alaniny, lizyny i tyrozyny. Lek działa ochronnie na osłonki mielinowe chroniąc je przed działaniem destrukcyjnym endogennego układu immunologicznego [8-10, 28].

Poszukuje się intensywnie nowych leków działających w SM. I tak ostatnio wprowadzono do prób klinicznych leki nowej generacji jak *Natalizumab (Tysabri)*, który jak się wydaje hamuje agresywne działanie leukocytów i limfocytów na tkankę nerwową. Niedawno do badań klinicznych wprowadzono nowe immunomodulatory jak *Mitoksantron* i *Fingolimod*, które wydają się hamować przebieg schorzenia. W rzutach i nasileniach przebiegu SM stosuje się od dawna wypróbowane hormony kory nadnercza [28].

Ponadto w leczeniu przebiegu SM stosuje się różnorodne leki działające objawowo jak hamujące napięcie mięśniowe np. *Baclofen, Dantrolen*, toksyna botulinowa, osłabiające dolegliwości bólowe, zaburzenia oddawania moczu i czynności przewodu pokarmowego, depresję, stany psychotyczne, napady padaczkowe i inne [29]. Sięga się także po cytostatyki takie jak: *Azatiopryna, Cyklofosfamid, Kladrybina, Metoteksat, Mitoksantron* i inne [30]. Niestety skuteczność ich w przebiegu SM jest wątpliwa. Proponuje się też stosowanie statyn (inhibitorów enzymu reduktazy 3-hydroksy-metylglutarylo – koenzymu A) np. *Lovastatyny*, która ma hamować endogenne zaburzenia systemu immunologicznego głównie komórek T [31]. Działanie statyn w SM jest w trakcie badań. W leczeniu SM stosowane są też tak zwane metody niekonwencjonalne jak przyjmowanie określonych preparatów roślinnych (w tym konopie indyjskie), bioenergoterapia, leki homeopatyczne, akupunktura, itp. [32]. Znaczenie ma właściwa dieta bogata w produkty białkowe, jarzyny, oleje roślinne, ryby (omega-3 kwasy) oraz suplementacja witaminami w tym witaminą D.

Ostatnio opracowano nową metodę terapii SM. Wychodząc z założenia, że jest to schorzenie spowodowane autoagresją w stosunku do mieliny włókien nerwowych wyizolowano z niej odpowiednie peptydy (antygeny), które następnie podawane są na skórę chorego. Patologiczne reakcje immunologiczne skupiają się na zastosowanych zewnętrznie antygenach prowadząc do wygasania reakcji autoagresji do tkanki nerwowej. Badania prowadzone są już w klinice, przynosząc pozytywne rezultaty jak zmniejszenie liczby i intensywności rzutów choroby oraz zahamowanie zmian zwyrodnieniowych w OUN [33].

Ważnym postępowaniem w przebiegu SM jest utrzymanie aktywności chorego, tj. dbanie o higienę osobistą, odpowiedni ruch (spacery, taniec), porzucenie spożywania alkoholu oraz palenia tytoniu, odpoczynek fizyczny i psychiczny, utrzymywanie kontaktów interpersonalnych, itp. Ma ono na celu obniżenie napięcia mięśniowego i zwiększenie mobilności chorego a także zmniejszenia stanów lękowych, napięcia psychicznego oraz bólu [34-36].

Nieodzownym elementem terapii SM jest właściwa opieka pielęgnacyjna [37]. Celem jej we wczesnym okresie choroby jest zapewnienie choremu bezpieczeństwa w trakcie przemieszczania się. Jeżeli zachodzi potrzeba chory winien posługiwać się odpowiednim sprzętem ortopedycznym np. kulą łokciową, balkonikiem lub wózkiem siedzącym. Należy zapobiegać przykurczom wynikającym ze wzmożonego napięcia mięśni. Stosuje się ułożenia przeciwspastyczne tj. ułożenie na boku lub na brzuchu. U chorych, u których występuje tendencja do rotacji wewnętrznej stawów kolanowych i biodrowych wskazane jest umieszczenie pomiędzy kolanami poduszki wałka lub zwiniętego koca. Należy unikać gwałtownych ruchów podczas wstawania bowiem nasilają one spastyczność mięśni. Wskazane jest zamontowanie przy łóżku uchwytów, drabinek i poręczy.

Jednym z częstych zmian towarzyszących zaawansowanemu schorzeniu są odleżyny. Odleżyna to martwicze owrzodzenie powstające w wyniku długotrwałego leżenia bez zmiany pozycji. Na jej wystąpienie narażeni są chorzy unieruchomieni, których funkcje motoryczne są ograniczone lub też cierpiących na zaburzenia metaboliczne. Przyczyną odleżyn jest miejscowy długotrwały ucisk prowadzący do niedokrwienia i niedotlenienia uciskanego obszaru skóry i tkanki podskórnej. O odleżynie decyduje nie tyle siła ucisku co czas jego trwania. Odleżyny dzieli się wg skali Torrance'a [38]. I° – blednące, odwracalne zaczerwienienie, II° – nieblednące zaczerwienienie (uszkodzenie naskórka), III° – uszkodzenie skóry i tkanki podskórnej, IV° – uszkodzenie skóry i tkanki tłuszczowej, V° – uszkodzenie głębokie obejmujące mięśnie i dochodzące do tkanki kostnej. Na odleżyny najczęściej narażone okolice kości krzyżowej, krętane kości udowej, kostki i pięty, rzadziej łopatki, kolana, łokcie, potylica i małżowina uszna. Celem zapobiegania odleżyn, które są niezmiernie dokuczliwe dla chorego należy stosować odpowiednie postępowanie profilaktyczne a mianowicie: stosować odpowiednie materace przeciwodleżynowe – statyczne i zmiennociśnieniowe. Ich rolą jest odciążenie masy pacjenta, równomierne rozłożenie nacisku na podłoże, zapobieganie upośledzeniu ukrwienia, zmniejszenie bólów spoczynkowych. Korzystne jest stosowanie podkładów z owczej skóry pod najbardziej narażone części ciała. Niezmiernie ważna jest stała kontrola i pielęgnacja skóry szczególnie w miejscach potencjalnego narażenia na odleżyny. Należy dbać o czystość skóry, stosować oliwkę, oklepywać, przy czym nie masować wyniosłości. Dbać, by pościel była czysta, prześcieradło naciągnięte i nie pofałdowane. Położenie chorego winno być zmieniane wielokrotnie w ciągu dnia a skóra dokładnie sprawdzana. Po każdej toalecie skóra winna być dokładnie osuszona przed nałożeniem oliwki lub innych kremów. Należy likwidować wszelkie źródło wilgoci, na które może być narażona skóra. Dotyczy to szczególnie chorych nietrzymających moczu.

Mimo stosowania odpowiedniej profilaktyki u części chorych odleżyny powstają. Mogą one występować u chorych w różnym wieku, jednak najbardziej narażone są osoby długotrwale unieruchomione, starsze i nieprzytomne. Rany odleżynowe są bolesne powodując cierpienie chorego. Leczenie odleżyn jest żmudne i kosztowne. Stosuje się przede wszystkim odpowiednią higienę, oczyszczanie ran, właściwe leczenie oraz odpowiednie opatrunki. Towarzyszyć temu musi rygorystyczne przestrzeganie higieny, czystości i pielęgnacji całego ciała chorego np. częste zmiany pozycji złożeniowej, ruchy czynne i bierne kończyn, odpowiednie podkładki, higiena osobista chorego, dbanie o przycinanie paznokci itp.

Problemami szczególnie w zaawansowanej postaci SM mogą być problemy w przyjmowaniu pokarmów, wydalaniu moczu i stolca. W trakcie spożywania posiłków łatwo dochodzi do zachłystnięcia się chorego. W skrajnych przypadkach chorego należy karmić sondą do żołądkową. Zaburzenia wydalania moczu polegają głównie na nietrzymaniu moczu lub też przeciwnie, tj. trudności w opróżnianiu pęcherza. Należy stosować pampersy a w trudności oddawania moczu prowokacje (np. ucisk okolicy nad pęcherzem moczowym, działanie na odruchy np. odkręcanie kranu z wodą) lub w ostateczności założenie cewnika. Ważna jest w tym przypadku sterylność i unikanie zakażeń dróg moczowych. Chorzy z zaawansowanym SM cierpią często na zaparcia. Należy wówczas stosować łagodne środki przeczyszczające i przede wszystkim odpowiednią dietę.

Poważnym problemem w SM są stany emocjonalne chorych. Pacjenci z ogromnym trudem przyjmują do świadomości zapadnięcie na nieuleczalne schorzenie. Pierwszymi objawami jest depresja, zaburzenia nastroju, zmiany stanów emocjonalnych i brak „walki" z objawami choroby. Pojawia się brak chęci do życia, drażliwość, obniżenie koncentracji i krytycyzmu a w zaawansowanym schorzeniu osłabienie pamięci i zaburzenia psychiczne. Zmienność stanów psychicznych i nastrojów utrudnia współpracę z chorym i czynności pielęgnacyjne oraz rehabilitacyjne. To ostatnie dotyczy stanu psychicznego jak też fizycznego. Należy nawiązywać stały kontakt z chorym, zachęcać go do aktywności intelektualnej. Wskazane, by chory kontynuował swe zainteresowania z okresu przed pojawieniem się SM.

SM jest schorzeniem, które dotyka określonej osoby i jego otoczenia. Nie odkryto jeszcze leków, które by zatrzymały jej rozwój lub też doprowadziły do wyleczenia. Schorzenie dotyka młodych ludzi (20-30 lat), którzy zakładają rodziny, decydują się na dzieci. Otrzymując diagnozę SM zadają sobie pytanie: co dalej będzie ze mną i moją rodziną (dotyczy to także rodziców i dziadków). Choroba stawia przed pacjentem i jego rodziną nowe, nieznane wyzwania. Wymaga często zmiany ról w rodzinie i konieczności opiekowania się drugą bliską osobą, co szczególnie trudne jest dla mężczyzn. Pojawiają się stresy, depresje, chęci „ucieczki" od problemu. Choroba może porażać, osłabiać a nawet powodować rozpad całej rodziny. Staje się wstrząsem określanym jako niesprawiedliwym, od którego tak naprawdę nie ma ucieczki. Wszelkie wskazania dotyczące przebywania z chorym i pielęgnacją wymagają ogromnego wysiłku psychicznego i fizycznego ze strony bliskich zdrowych osób z otoczenia, często przekraczającego ich zdolności adaptacyjne do nowej sytuacji. A wszystko powyższe ma na celu opóźnienie postępu choroby i utrzymanie chorego jak najdłużej w odpowiedniej sprawności fizycznej i psychicznej.

*Piśmiennictwo*

1. Charcot J.M.: Clinical lectures on disease of the nervous system. London 1878. Wg: Wende M. (Red.): Choroby demielinizacyjne. Neurologia. Podręcznik dla Studentów medycyny. Wydawnictwo PZWL. Warszawa 2011.
2. Woyciechowska J., Patzer-Kwiatkowska B.: Stwardnienie rozsiane i jego leczenie. Farmacja Pol. 1999; 55: 788-793.
3. Kazibutowska Z.: Diagnostyka, rokowanie i leczenie w stwardnieniu rozsianym w kontekście zagadnień rehabilitacji. Pol. Przeg. Neurol. 2008; 4 (Supl.A): 46-47.
4. Lin J., Mariano M.W., Wong G., Grail D., Dunn A., Bettadura J., Slavin A.J., Old L., Bernard C.G.: TNF is a potent anti-inflammatory cytokine in antoimmune-mediated demyelination. Nat. Med. 1998; 4: 78-85.
5. Young D.A., Lowe L.D., Booth S.S., Whitters M.J., Nicholson L., Kuchroo V.K., Collins M.: IL-4, IL-10, IL-13, and TFG-β from an altered peptide ligant-specific Th2 cell clone down-regulation adoptive transfer of experimental autoimmune encephalomyelitis. J. Immunol. 2000; 164: 3563-3569.
6. Croxford J.L., Feldman M., Chernajovsky Y., Baker D.: Different therapeutic outcomes in experimental allergic encephalomyelitis dependent upon the mode of delivery of IL-10: a comparison of the effects of protein, adenoviral or retroviral IL-10 delivery into the central nervous system. J. Imunol. 2001; 166: 4124-4128.
7. El-Ghoneimy A.T., Gad A.H., Samir H., Shalaby N.M., Ramzy G.M., Forghaly M., Hegazy M.I.: Contribution of vitamin D to the pathogenesis of multiple sclerosis and its effect on bone. Egyp. J. Neurol. Psychiat. Neurosurg. 2009; 46: 209-222.
8. Blumhart L.D. (Red.): Dictionary of multiple sclerosis. London and New York. Martin Dunitz 2004.
9. Hawkins C.P., Wolinsky J.S. (Red.): Principles of treatment of multiple sclerosis. Oxford, Butterwoth Heinemann 2000.
10. Van Oosten B.W., Truyen L., Barkhof F.: Choosing drug therapy for multiples sclerosis. An Update Drugs 1998; 56: 555-569.
11. Steinborn B., Łuczak-Piechowiak A.: Zastosowanie metod kinezyterapeutycznych w leczeniu spastyczności. Pol. Przegl. Nauk Zdr. 2006; 1: 95-103.
12. Strobuszyńska-Lupa A., Strobuszyński G.: (Red.): Fizjoterapia. Wydawnictwo PZWL. Warszawa 2003.
13. Łuczak-Piechowiak A., Bartkowiak Z., Zgorzelewicz-Stachowiak M., Gajewska E.: Fizykoterapia spastyczności. Balneol. Pol. 2008; 50: 189-197.
14. Żabówka M.: Rehabilitacja w stwardnieniu rozsianym. Praktyczna Fizjoterapia i Rehabilitacja 2011; 17: 51-54.

15. Lokwood S.: Kliniczne zastosowanie przezskórnej stymulacji elektrycznej nerwów TENS. Rehab. Med. 1997; 3: 73-78.

16. Kwolek A., Pop T., Przysada G.: Zastosowanie środków fizycznych w leczeniu spastyczności u chorych po udarze mózgu. Med. Man. 2000; 4: 41-44.

17. Śliwiński Z., Kaczmarek H., Kowalska B.: Przydatność fonolizy metodą Hufschmidta w zwalczaniu spastyczności u dzieci i dorosłych. Fizjoterapia 2000; 4: 24-26.

18. Krukowska J., Czernicki J., Trochimiak L.: Metody fizykalne zwalczania spastyczności. Balneol. Pol. 1977; 39: 58-66.

19. Sieroń A. (Red.): Zastosowanie pól magnetycznych w medycynie. Wydawnictwo α-Medica Press. Bielsko-Biała 2002.

20. Guseo A.: Pulsing electromagnetic therapy of multiple sclerosis by the Gynling-Bordacs device: double-blind, cross-over and open study. J. Bioelectricity 1987; 6: 23-32.

21. Sieroń A., Cieślar G., Matuszczyk J., Żmudziński J.: Próba wykorzystania zmiennego pola magnetycznego w kompleksowym leczeniu stwardnienia rozsianego. Pol. Tyg. Lek. 1996; 51: 113-115.

22. Kijowski S.: Leczenie polem magnetycznym chorych na stwardnienie rozsiane. Fizjoterapia 1997; 5: 32-33.

23. Brola W., Węgrzyn W., Czernicki J.: Wpływ zmiennego pola magnetycznego na niewydolność ruchową i jakość życia chorych ze stwardnieniem rozsianym. Wiad. Lek. 2002; 55: 136-143.

24. Sandyk R.: Successful treatment of multiple sclerosis with magnetic fields. Int. J. Neurosci. 1992; 66: 237-250.

25. Sandyk R., Therapeutic effects of alternating current pulsed electromagnetic fields in multiple sclerosis. J. Altern. Complement. Med. 1997; 3: 365-386.

26. Sieroń A., Sieroń-Słotny K., Biniszkiewicz K.: Analiza skuteczności terapeutycznej magnetostymulacji systemem Vioform JPS w wybranych jednostkach chorobowych. Acta Bio-Opt. Inf. Med. 2001; 7: 1-8.

27. Ziemsen T., Piątkowski J., Haase R.: Long-term effects of bio-electromagnetic-energy regulation on fatigue in patients with multiple sclerosis. Altern. Ther. Health Med. 2011; 17: 22-28.

28. Krensky A.M., Benneff W.M., Vincenti V.: Immunosupressants, tolerogens, and Immunostimulants. W: Goodman and Gilman's The Pharmacological Basis of Therapeutics. Brunton L.L., Chabner B.A., Knollmann B.C. (Red.). New York 2011; 1005-1029.

29. Mutschler E., Geisslinger G., Kroemer H.K., Ruth P., Schäfer-Korting M. (Red.): Kompendium farmakologii i toksykologii Mutschlera. MedPharm (Wydanie polskie). Wrocław 2008.

30. Wicha W., Zaborski J.: Zastosowanie cytostatyków w stwardnieniu rozsianym – powrót do przeszłości? Farmacoter. Psych. Neurol. 2005; 1: 33-41.

31. Nath N., Giri S., Prasad R., Singh A.K., Singh I.: Potential target of 3-hydroxy-3-methylglutaryl coenzyme A reductase inhibitor for multiple sclerosis therapy. J. Immunol. 2004; 172: 1273-1286.

32. Mirowska-Guzel D., Głuszkiewicz M., Członkowski A., Członkowska A.: Metody niekonwencjonalne stosowane u chorych ze stwardnieniem rozsianym. Farmakoter. Psych. Neurol. 2005; 1: 43-50.

33. Greeberg B.M., Baker L., Colobrest P.A., Cree B., Cross A., Frohman T., Gold R., Havrdova E., Hemmer B., Kleseter B.C., Cisak R., Mëler A., Rocken M., Steiman L., Stuve O., Wiendl H., Frohman E.: Interferon beta use and disability prevention in relapsing-remitting multiple sclerosis. JAMA Neurol. 2013; 70: 248-251.

34. Mausch K.: Psychika, system immunologiczny a problemy zdrowia i choroby. Psychiat. Pol. 1995; 29: 435-440.

35. Moster S., Kesselring J.: Effects of a short-term exercise training on aerobic fitness, fatigue, health perception and activity level of subjects with multiple sclerosis. Multiple Sclerosis 2002; 8: 161-168.

36. Woyciechowska M., Israel D., Hoffman R., Wittmers L.: Application of cooling techniques during exercise in SM patients. MS Managements 1995; 2: 25-29.

37. Dworniczek I.: Problemy pielęgnacyjne chorych na stwardnienie rozsiane. Praca licencjacka. Wyższa Szkoła Planowania Strategicznego w Dąbrowie Górniczej 2011.

38. Kruk-Kupiec G.: Odleżyny – przewodnik dla pielęgniarek i położnych. Plik. Katowice 1999.

## Choroba Parkinsona – problemy terapeutyczne i rehabilitacyjne

*Brus Halina, Krzych Łukasz, Boroń Dariusz, Buczyńska Barbara, Brus Ryszard*

Choroba Parkinsona (PD) należy do grupy schorzeń neurodegeneracyjnych. Wynika ona z postępującego zaniku (zwyrodnienia) neuronów syntetyzujących neuroprzekaźnik dopaminę (DA) zwanych dopaminergicznymi. W ośrodkowym układzie nerwowym (OUN) neurony dopaminergiczne umiejscowione są w szlaku nigro-striatalnym i jest ich ok. 80 000. W miarę dojrzewania i starzenia się organizmu dochodzi do stopniowego zmniejszania liczby neuronów co jest uwarunkowane genetycznie lub oddziaływaniem niekorzystnych czynników środowiska. PD ujawnia się po zaniku ok. 80% neuronów dopaminergicznych i zazwyczaj pojawia się około 60 roku życia, głównie u mężczyzn [1].

PD w stanie zaawansowanym charakteryzuje się określonymi objawami jak drżeniem spoczynkowym, spowolnieniem ruchowym oraz wzmożeniem napięcia mięśni prążkowanych. Objawy kliniczne u poszczególnych chorych mogą mieć odmienne nasilenie. Często początkowym objawem jest jednostronne drżenie kończyny górnej. Powyższy objaw nasila się w miarę postępu schorzenia upośledzając funkcjonowanie chorego. Drżenie spoczynkowe można łatwo zaobserwować w rękach opartych na kolanach lub ułożonych na stole. Manifestuje się głównie ruchami kciuka a palce czasami wykonują ruchy charakterystyczne dla liczenia pieniędzy lub kręcenia kuleczek. Chory zaczyna mieć też trudności z pisaniem. Powyższe objawy u ok. 70% chorych są pierwszymi symptomami PD. Wzmożone napięcie mięśniowe można stwierdzić podczas próby wykonywania biernych ruchów zginania lub prostowania kończyn. Jeżeli równocześnie występuje drżenie wówczas ruch odbywa się „skokami" (objaw „zębatego koła"). Spowolnienie ruchów (bradykinezja) manifestuje się zwolnieniem wykonywania codziennych czynności jak chodu, ubierania się, wstawania z łóżka lub krzesła, trudnością wykonywania zabiegów higienicznych, itp. Towarzyszy temu brak mimiki (twarz maskowata).

W miarę pogłębiania się schorzenia dochodzą zaburzenia mowy, która staje się niewyraźna, spowolniała, często cicha i monotonna. Mogą wystąpić zaburzenia połykania pokarmów. Ponadto pojawiają się objawy wegetatywne związane z upośledzeniem układu autonomicznego jak problemy z oddawaniem moczu i stolca, osłabienie libido, zła tolerancja niskich i wyższych temperatur w środowisku, zaburzenia czynności układu sercowo-naczyniowego (hipotonia, arytmie), przyspieszenie oddechu, potliwość, itp. U niektórych osób z zaawansowaną chorobą PD pojawiają się też zaburzenia czucia, bóle mięśniowe, zaburzenia snu, stany depresyjne, pogorszenie pamięci, koncentracji, orientacji wzrokowo-przestrzennej (bradyfrenia) [2]. Co więcej u chorych z PD stwierdza się także zaburzenia immunologiczne wskazujące na powiązanie systemu odpornościowego z ośrodkowym układem dopaminergicznym [3].

Leczenie PD jest trudne. U podłoża schorzenia leży niedobór neuroprzekaźnika DA w OUN. W związku z tym podstawowe leczenie polega na zwiększeniu ilości DA w OUN lub też nasilenie jej biologicznej aktywności. Pierwszym sposobem terapii było hamowanie funkcji ośrodkowego układu cholinergicznego (blokowanie receptora muskarynowego) przez co następowała przywrócenie równowagi między niedoczynnym układem dopaminergicznym a normalnie funkcjonującym układem cholinergicznym [4]. Niestety terapia prócz złagodzenia niektórych objawów PD (głównie drżeń) powodowała wystąpienie wielu objawów niepożądanych ośrodkowych jak i obwodowych. Niektóre leki tej grupy są nadal wykorzystywane (*Benadryl, Artan*) [5]. Ponieważ DA nie przenika przez barierę krew-mózg dlatego w leczeniu PD wprowadzono prekursor DA tj. aminokwas L-3,4-dihydroksyfenyloalaninę (L-DOPA), która z łatwością przenika barierę i w ośrodkowych neuronach dopaminowych przy udziale enzymu dekarboksylazy ulega przemianie do DA. Wprowadzenie do lecznictwa L-DOPA „zrewolucjonizowało" leczenie PD [6]. Podanie leku w każdym stadium choroby powoduje natychmiastową „spektakularną" poprawę kliniczną a zanik objawów chorobowych towarzyszących PD może trwać nawet kilka lat (zależy od zaawansowania schorzenia), po czym następuje tzw. okres „wygasania" aktywności leku, który zaczyna działać krócej i mniej skutecznie. Nawracają objawy choroby oraz pojawiają się inne objawy kliniczne jak dyskinezy (nadmierne ruchy mimowolne), objawy psychotyczne a także objawy obwodowe (hipotonia ortostatyczna, zaburzenia funkcji serca, zaburzenia żołądkowo-jelitowe). W związku z powyższym celem zmniejszenia obwodowych objawów niepożądanych L-DOPA dołącza się inhibitory dekarboksylazy w tkankach obwodowych poza OUN np. karbidopę (*Sinemat, Medopar*) [5]. Innym sposobem terapii PD jest zwiększenie aktywności DA poprzez zahamowanie jej rozkładu w OUN (w tzw. przestrzeni synaptycznej) przez enzymy monoaminooksydazę (MAO) i katecholotlenometylotransferazę (COMT) np. *Selegilina, Tulkopan, Entakapon* i inne. Skuteczność tych leków jest ciągle w trakcie badań [5].

Kolejnym preparatem stosowanym w PD jest *Amantadyna (Viregyt)*, oryginalnie lek przeciwwirusowy, hamujący ośrodkowe receptory glutaminergiczne (NMDA) co prowadzi do nasilenia aktywności układu dopaminowego w OUN [5].

Wzmożenie aktywności DA można uzyskać także stosowaniem agonistów ośrodkowych receptorów dopaminowych, na które omawiana amina działa. Do leków tych należą *Bromkryptyna, Pergolid, Apomorfina, Ropinirol, Pramineksol* i inne [5]. Niestety leki te są mało skuteczne.

W doświadczalnym modelu PD ze zniszczonym ośrodkowym układem dopaminergicznym [7] stwierdzono wzrost aktywności ośrodkowego układu histaminergicznego, który jak się wydaje przejmuje funkcję lub też wspomaga niedoczynny układ dopaminergiczny. Pojawiła się nadzieja terapii PD również poprzez wpływ na ośrodkowy układ histaminergiczny [8, 9].

Ostatnio przedstawiono preparat *Milmed*, którego skład na razie jest nieznany i który w doświadczalnym modelu PD u myszy poddanych równocześnie wysiłkowi fizycznemu całkowicie odwraca objawy choroby oraz zapobiega jej rozwojowi [10].

Prócz leczenia farmakologicznego chorzy z PD wymagają intensywnej rehabilitacji na każdym etapie schorzenia, w tym metodami fizykalnymi (fizykoterapia, kinezyterapia) [11-13]. Uwzględniają one czynniki elektryczne, termiczne i mechaniczne, które obniżają napięcie i spastyczność mięśni towarzyszące chorobie. W elektrolecznictwie stosuje się kilka metod jak TENS (Transcentaneous Electric Nerve Stimulation) [14] lub FES (Functional Electric Stimulation) [15] oraz metody Träbera [15] i Hufschmidta [16]. Metodami uzupełniającymi są masaże, ciepłolecznictwo, krioterapia, światłolecznictwo i ultradźwięki.

Hoehn i Yahr [17, 18] wprowadzili pięciostopniową skalę pozwalającą na kliniczne określenie stadium choroby niesprawności chorego jak też oceny efektów terapii. Wczesne wdrożenie postępowania fizykalnego może spowolnić rozwój zaburzeń ruchowych i ułatwić życie choremu. Terapia jest kompleksowa i żmudna polegająca na intensywnym ćwiczeniu mięśni palców, rąk, kończyn, karku i pleców.

Interesujące są kliniczne próby stosowania czynników fizycznych w łagodzeniu objawów w PD takich jak wolnozmienne pola elektromagnetyczne o niskiej częstotliwości (magnetoterapia i magnetostymulacja). Potwierdzają to prace Sandyka i współprac. [19-23], Michalaka i wsp. [24] oraz Sieronia i wsp.

[25]. Ponadto Sieroń i wsp. [26, 27] wykazali, że czternastodniowa ekspozycja szczurów na wspomniane pola nasila syntezę DA w OUN a także łagodzi w doświadczalnym modelu PD [7] niektóre objawy imitujące drżenia, mimowolne ruchy i napięcie u chorych z PD.

Chory z PD winien być zachęcany do samopielęgnacji, odpowiednich spacerów, ćwiczeń zespołowych, utrzymywania właściwej postawy a nawet do tańca. Należy dodać, że rehabilitacja jest tym trudniejsza czym wyższy stopień zaawansowania schorzenia i wiek chorego. Forma opieki rehabilitacyjnej może być domowa lub też instytucjonalna (w zaawansowanym stanie pobyt w ZOL, ZPO, DPS).

Mosiczuk [28] przedstawiła obrazowo propozycje ćwiczeń koordynacyjnych w przebiegu PD. Praca ilustrowana jest szeregiem fotografii obrazujących sposoby ćwiczeń. Ich celem jest ułatwienie choremu kontrolę czynności ruchowych (wzrokowa) i poprawa sprawności motorycznej. Ponieważ w PD pierwszymi objawami są zaburzenia postawy i chodu co grozi upadkami i złamaniami kończyn. Opara i Dyszkiewicz [29] opracowali system stabilometrii, który dzięki osadzonym na ciele chorego czujnikom pozwala kontrolować ruchy. Z kolei Rycerski i współprac. [30] przeprowadzili interesujące badania wpływu choreoterapii w Górnośląskim Centrum Rehabilitacji „Repty", uzyskując poprawę stanu chorych i zwiększenia ich samodzielności (głównie u mężczyzn).

Podsumowując leczenie i rehabilitacja PD są trudne i winny być wdrażane jak najwcześniej by opóźnić rozwój zmian chorobowych i zniedołężnienia pacjentów.

*Piśmiennictwo*

1. Tanner C.M.: Epidemiology of Parkinson's disease. Neurol. Clin. 1992; 10: 317-329.
2. Friedman A.: Epidemiologia, etiopatogeneza, rozpoznawanie, leczenie choroby Parkinsona. W: Choroba Parkinsona. Friedman A. (Red.): Wydawnictwo α-Medica Press 1999; 30-55.
3. Białkowiec-Iskra E.Z., Kurkowska-Jastrzębska I.: Wzajemne oddziaływanie układów odpornościowego i dopaminergicznego. W: Farmakoterapia w Psychiatrii i Neurologii 2005; 1: 51-59.
4. Ruberg M., Ploska A., Javoy-Agid F., Agid Y.: Muscarinic binding and choline acetyltransferaze activity in Parkinsonian subjects with reference to dementia. Brain Res. 1982; 232: 129-139.
5. Standaert D.G., Roberson E.D.: Treatment of the central nervous system degenerative disorders. W: Goodman and Gilman's The pharmacological basis of therapeutics. Ed.: Bruton L.L., Chabner B.A., Knollman B.C. (Red.) McGraw Hill Medical, New York, 12th edition, 2011; 609-647.
6. Cotzias G.C. Van Woert M.H., Schiffer L.M.: Aromatic amino acids and modification of parkinsonism. N. Engl. J. Med. 1967; 276: 274-379.
7. Kostrzewa R.M., Kostrzewa J.P., Brus R., Kostrzewa R.A., Nowak P.: Proposed model of severe Parkinson's disease: neonatal 6-hydroxydopamine lesion of dopaminergic innervation of striatum. J. Neural. Transm. 2006; 70: 277-279.
8. Nowak P., Noras Ł., Jochem J., Szkilnik R., Brus H., Korossy E., Drab J., Kostrzewa R.M., Brus R.: Histaminergic activity in a rodent model of Parkinson's disease. Neurotox. Res. 2009; 15: 246-251.

9. Brus R., Nowak P., Szkilnik R., Jochem J., Kostrzewa R.M.: Histaminergic activity in adult rats with neonatally lesioned central noradrenergic, serotoninergic and dopaminergic (rodent model of Parkinson's disease) system. Pharmacol. Rep. 2010; 62 (Suppl.): 107.

10. Archer T., Fredriksson A.: Physical Exercise – Milmed fusion for neuroprotection and neurorestoration in an animal model of Parkinsonism. XVIIIth International Congress of the Polish Pharmacological Society. Kazimierz Dolny, May 23-25, 2013. Pharmacol. Rep. 2013; 65 (Supl.): 3.

11. Steinborn B., Łuczak-Piechowiak A.: Zastosowanie metod kinezyterapeutycznych w leczeniu spastyczności. Pol. Przegl. Nauk Zdr. 2006; 1: 95-103

12. Strobuszyńska-Lupa A., Strobuszyński G.: (Red.): Fizjoterapia. Wydawnictwo PZWL. Warszawa 2003.

13. Łuczak-Piechowiak A., Bartkowiak Z., Zgorzelewicz-Stachowiak M., Gajewska E.: Fizykoterapia spastyczności. Balneol. Pol. 2008; 50: 189-197.

14. Lokwood S.: Kliniczne zastosowanie przezskórnej stymulacji elektrycznej nerwów TENS. Rehab. Med. 1997; 3: 73-78.

15. Kwolek A., Pop T., Przysada G.: Zastosowanie środków fizycznych w leczeniu spastyczności u chorych po udarze mózgu. Med. Man. 2000; 4: 41-44.

16. Śliwiński Z., Kaczmarek H., Kowalska B.: Przydatność fonolizy metodą Hufschmidta w zwalczaniu spastyczności u dzieci i dorosłych. Fizjoterapia 2000; 4: 24-26.

17. Hoehn M., Yahr M.: Parkinsonism: onset, progression and mortality. Neurology 1967; 17: 427-442.

18. Goetz C.G., Poewe W., Rascol O., Sampaio C., Stebbins G.T., Counsell C., Giladi N., Holloway R.G., Moore C.G., Wenning G.K., Yahr M.D., Seidl L.: Movement Disorder Society task force report on the Hoehn and Yahr staging scale: Status and recommendations. The movement disorder society task force on rating scales for Parkinson's disease. Movement Disord. 2004; 19: 1020-1028.

19. Sandyk R.: Treatment of Parkinson's disease with magnetic fields reduced requirement for antiparkinsonian medications. Int. J. Neurosci. 1994; 74: 191-201.

20. Sandyk R.: Magnetic fields in the therapy of parkinsonism. Int. J. Neurosci. 1992; 66: 209-235.

21. Sandyk R.: Speech impairment in Parkinson's disease is improved by transcranial application of electromagnetic fields. Int. J. Neurosci. 1997; 92: 63-72.

22. Sandyk R., Anninos P.A., Tsagas N., Derpapas K.: Magnetic fields in the treatment of Parkinson's disease. Int. J. Neurosci. 1992; 63: 141-150.

23. Sandyk R., Derpapas K.: Further observations on the unique efficacy of picoTesla range magnetic fields in Parkinson's disease. Int. J. Neurosci. 1993; 69: 167-183.

24. Michalak K., Jaroszyk F., Jaśkowski P., Kozubski W.: Badania wpływu zmiennego pola magnetycznego wytworzonego przez magnetostymulator MRS 2000 na chorych z zespołem i chorobą Parkinsona. Baln. Pol. 1999; 41: 38-56.

25. Sieroń A., Sieroń-Słotny K., Biniszkiewicz T., Stanek A., Słotny T., Biniszkiewicz K.: Analiza skuteczności terapeutycznej magnetostymulacji systemem Viofor JPS w wybranych jednostkach chorobowych. Acta Bio-Optica Int. Med. 2001; 7: 1-8.

26. Sieroń A., Labus Ł., Nowak P., Cieślar G., Brus H., Durczok A., Zagził T., Kostrzewa R.M., Brus R.: Alternating extremely low frequency magnetic field increases turnover of dopamine and serotonin in rat frontal cortex. Bioelectromagnetics 2004; 25: 426-430.

27. Sieroń A., Brus R., Szkilnik R., Plech A., Kubański N., Cieślar G.: Influence of alternating low frequency magnetic fields on reactivity of central dopamine receptors in neonatal 6-hydroxydopamine treated rats. Bioelectromagnetics 2001; 22: 1-10.

28. Mosiczuk A.: Ćwiczenia koordynacji, równowagi i naprzemienności ruchów w chorobie Parkinsona. Rehab. Prakt. 2012; 2: 12-17.

29. Opara J., Dyszkiewicz A.: Stabilometria w chorobie Parkinsona. Rehab. Prakt. 2008; 1: 12-13.

30. Rycerski W., Grabarczyk B., Żygawska-Biedal M., Kos A.: Wyniki rehabilitacji chorych z parkinsonizmem z dodatkowym zastosowaniem choreoterapii. Rehab. Prakt. 2010; 2: 15-18.

# Rola opieki pielęgniarskiej w opiece nad dzieckiem z rozpoznaną ostrą białaczką limfoblastyczną

*Ingram Paulina, Ingram Sebastian*

Ostra białaczka limfoblastyczna (ang. *acute lymphoblastic leukemia* ALL), to choroba układu krwiotwórczego, która powoduje zmiany we krwi. Szpik kostny produkuje trzy podstawowe parametry morfotyczne krwi: erytrocyty, których zadaniem jest transport tlenu i dwutlenku węgla, leukocyty, odpowiedzialne za obronę przed infekcjami oraz płytki krwi, które dają możliwość jej krzepnięcia. W organizmie chorego na białaczkę człowieka dochodzi do niekontrolowanej proliferacji (rozmnażania się) w szpiku kostnym patologicznie zmienionych, niedojrzałych komórek. Dane komórki pod wpływem czynników endo- i egzogennych zatrzymały się w rozwoju na pewnym etapie i dalej nie dojrzewają. Dochodzi do zaburzenia apoptozy (zaprogramowanego procesu śmierci komórki), przez co ich liczba w organizmie ciągle narasta. W efekcie dochodzi do wyparcia prawidłowych komórek, tak zwanych hematopoetycznych i zastąpienia ich przez nieprawidłowe (niedojrzałe), zwane limfoblastami, które przedostają się do obiegu krwi oraz naciekają na węzły chłonne, śledzionę, wątrobę i inne narządy. Mogą również gromadzić się w tkance limfatycznej powodując powiększenie węzłów chłonnych [1-5].

Białaczka to choroba zagrażająca życiu, powodująca wiele dolegliwości bólowych, wymagająca licznych badań diagnostycznych, długiego i agresywnego leczenia, a także długotrwałego pobytu w szpitalu. W sposób szczególny obciąża psychicznie i fizycznie chore dziecko. Czynniki związane z chorobą i leczeniem takie jak lęk, ból, strach mają charakter traumatyczny i zakłócają zaspokajanie potrzeb biopsychospołecznych dziecka [11,12].

Pielęgnacja dziecka z rozpoznaną ostrą białaczką limfoblastyczną nie jest łatwa. Mali pacjenci w znacznym stopniu są osłabieni, występuje u nich większe prawdopodobieństwo zapadalności na infekcje, które pojawiają się w wyniku niewystarczającej liczby białych krwinek, a także mają większą skłonność do krwawień i wylewów podskórnych nawet przy mikro urazach wskutek niskiego poziomu płytek krwi.

Reakcja dzieci na chorobę, którą u nich rozpoznano, zależy od kilku uwarunkowań, a przede wszystkim wieku, o których powinni pamiętać zarówno lekarze jak i pielęgniarki. Nie zawsze ujawnione reakcje są adekwatne do głębokości przeżywania rozpoznania choroby. Często przez zachowany zewnętrzny spokój może przemawiać ból i cierpienie. Pielęgniarki powinny poświęcić wystarczająco dużo czasu, aby zdobyć zaufanie dziecka, zrozumieć jego psychikę i uzyskać pożądane efekty w procesie leczenia. Bardzo ważnym elementem w czasie całego pobytu w szpitalu dziecka jest tworzenie szpitali przyjaznych dziecku, w których możliwa jest całodobowa obecność rodziców przy swoich pociechach. Stanowią oni dużą podporę w trudnych momentach, przez co dzieci lepiej przechodzą okres adaptacji w nowym otoczeniu. Czas hospitalizacji przeważnie przeciąga się do kilku miesięcy, zatem pacjenci będący w różnym wieku, często w okresie szkolnym, powinni mieć również zapewnioną możliwość uczenia się [13].

Ostra białaczka limfoblastyczna, podobnie jak inne nowotwory kojarzą się z długim, bolesnym leczeniem i niejednokrotnie doprowadzającym do śmierci. Dlatego też taka diagnoza powoduje u starszego dziecka i jego rodziny szok psychiczny. Z kolei młodsze dzieci często nie zdają sobie sprawy ze stanu swego zdrowia. Oczywistym jest, że w rodzinie, w której dziecko zostało dotknięte chorobą nowotworową życie ulega całkowitej zmianie. Osiągnięcie akceptacji wobec nowo zaistniałej sytuacji często wymaga długiego czasu. Chorzy niechętnie poddają się terapii, dominuje w nich pesymizm, lęk i niechęć do życia. Opieka pielęgniarska w zakresie działań psychofizycznych powinna mieć charakter działań holistycznych, obejmujących całą rodzinę i środowisko jego życia. Włączenie rodziców do grona zespołu leczącego zapewnia lepszą komunikację z małym pacjentem oraz poprawia jakość ich funkcjonowania [6-10].

Celem niniejszej pracy było przedstawienie roli pielęgniarki u dzieci w okresie rozpoznania ostrej białaczki limfoblastycznej oraz ukazanie zapotrzebowania na działania pielęgnacyjnoedukacyjne u dziecka i jego rodziny podczas pierwszej hospitalizacji.

*Materiał i metody*

Na podstawie dokumentacji medycznej dokonano retrospektywnej analizy klinicznej danych dotyczących pacjentów chorych na ostrą białaczkę limfoblastyczną (ALL), leczonych w latach 2007-2012 w Klinice Onkologii, Hematologii i Chemioterapii Dziecięcej w Górnośląskim Centrum Zdrowia Dziecka im. Jana Pawła II w Katowicach – Ligocie.

W celu zrealizowania tematu pracy i ułatwienia analizy klinicznej dokumentacji medycznej pacjentów dla każdego dziecka został opracowany arkusz obserwacyjny.

W arkuszu umieszczono dane osobowe pacjenta, rozpoznanie kliniczne, grupę ryzyka i wywiad, a także nieprawidłowości wykryte w badaniu przedmiotowym, badaniach laboratoryjnych oraz specjalistycznych badaniach dodatkowych. Dla każdego pacjenta zostało indywidualnie opracowane postępowanie pielęgniarskie, z uwzględnieniem wieku i stanu klinicznego podczas pierwszej hospitalizacji.

Do zebrania materiałów badawczych posłużyły nam analiza następującej dokumentacji medycznej:

- historie choroby z wywiadem lekarskim,
- raporty pielęgniarskie,
- karty procedur medycznych,
- indywidualne karty zleceń,
- rozmowy przeprowadzone z personelem pielęgniarskim,
- rozmowa z rodzicami chorego dziecka.

*Wyniki*

W analizowanym materialne klinicznym 20 dzieci miało zdiagnozowaną ostrą białaczkę limfoblastyczną, które po badaniach wstępnych zakwalifikowano do grupy podstawowego (SR) - 40%, pośredniego (IR) - 50% i wysokiego ryzyka (HR) -10% (ryc. 7).

W badanej grupie było 45% chłopców i 55% dziewczynek (ryc. 8). Najwięcej pacjentów znajdowało się w grupie wiekowej od 2 do 10 lat (Tab. I).

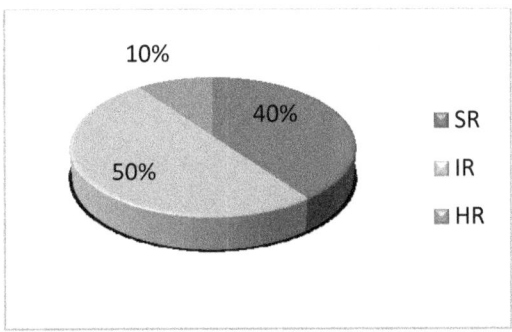

Ryc. 7. Rozkład procentowy dzieci według grupy ryzyka podstawowego (SR), pośredniego (IR) i wysokiego (HR).

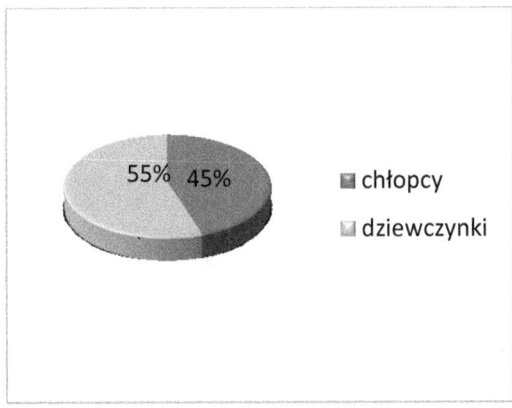

Ryc. 8. Rozkład procentowy w grupie badawczej według płci.

| Wiek pacjentów | Liczba badanych dzieci | |
|---|---|---|
| | Chłopcy | Dziewczynki |
| <2 lat | 0 | 0 |
| 2-10 lat | 10 | 4 |
| >10 lat | 1 | 4 |

Tab. I. Liczba pacjentów według przedziału wiekowego z uwzględnieniem płci.

W analizowanej grupie 20 pacjentów u 3 dzieci (15%) stwierdzono ostrą białaczkę limfoblastyczną T-komórkową, u pozostałych 17 dzieci (85%) ostrą białaczkę limfoblastyczną B-komórkową (ryc. 9).

Czas hospitalizacji, w zależności od stanu klinicznego dziecka był bardzo zróżnicowany, mieścił się w przedziale od 15 do 105 dni (średnio: 72 dni). Najkrótszy pobyt dziecka w oddziale był związany z przeniesieniem na Oddział Intensywnej Terapii, najdłuższy spowodowany był przedłużającą się pancytopenią (ryc. 10).

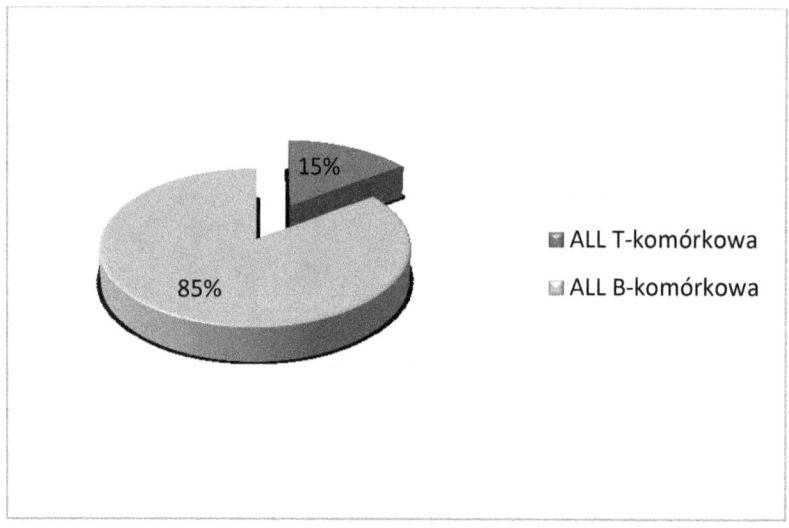

Ryc. 9. Rozkład procentowy dzieci w grupie badawczej z uwzględnieniem typu ostrej białaczki limfoblastycznej (ALL): T-komórkowej i B-komórkowej.

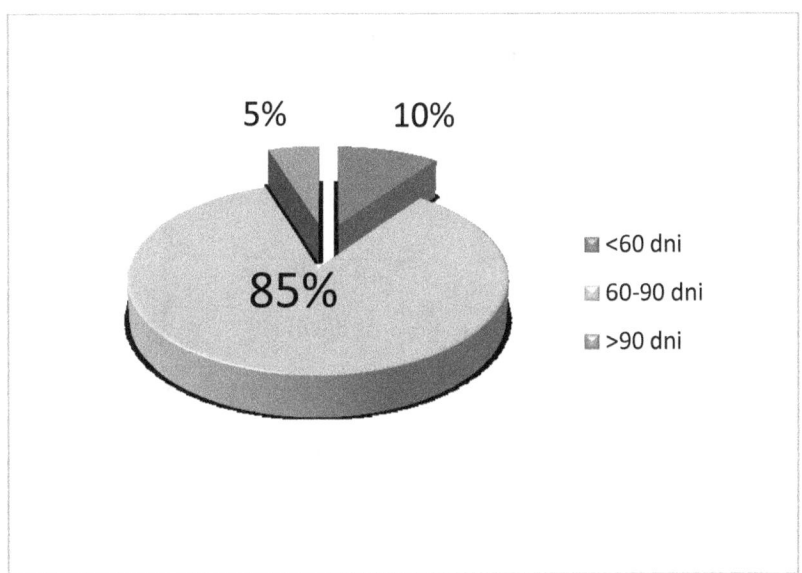

Ryc. 10. Rozkład procentowy dzieci w grupie badawczej z uwzględnieniem czasu hospitalizacji.

*Analiza medyczna:*

W grupie badanej już w chwili rozpoznania zaobserwowano nieprawidłowe parametry układu krwiotwórczego. U 80% badanych dzieci polegały one na znacznym obniżeniu poziomu hemoglobiny (HGB) (nawet do wartości poniżej 3 g/dl), obniżeniu płytek krwi (PLT) (zazwyczaj poniżej 10-20 K/Ul) (ryc. 11 a). Wartości leukocytów były zarówno obniżone (poniżej 4 K/Ul), a także podwyższone (powyżej 10 K/Ul oraz powyżej 50 K/Ul) (ryc. 11 b). Znaczącemu podwyższeniu ulegało również stężenie dehydrogenazy mleczanowej (LDH) (ryc. 11 a).

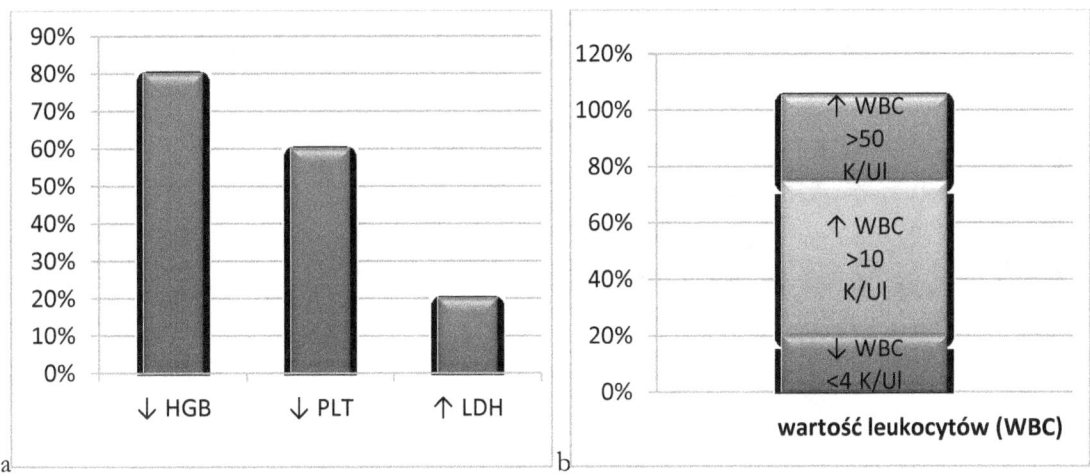

Ryc. 11 (a i b). Rozkład procentowy dzieci w grupie badawczej z uwzględnieniem nieprawidłowości wyników badań laboratoryjnych.

W wywiadzie najczęściej wymieniano osłabienie, bladość powłok skórnych oraz stany gorączkowe bez uchwytnych infekcji. Rzadziej bóle kończyn dolnych, podbiegnięcia krwawe, infekcje górnych dróg oddechowych, utrata masy ciała (ryc. 12 a). Spośród 20 dzieci tylko pięcioro miało ambulatoryjnie wykonaną morfologię, na podstawie której, u 2 osób stwierdzono obniżony poziom hemoglobiny (HGB), u 1 dziecka wysoki poziom leukocytów (powyżej 50 K/Ul - hiperleukocytozę) i u 2 dzieci obniżony poziom hemoglobiny z towarzyszącym obniżeniem poziomu płytek krwi (PLT) (ryc. 12 b).

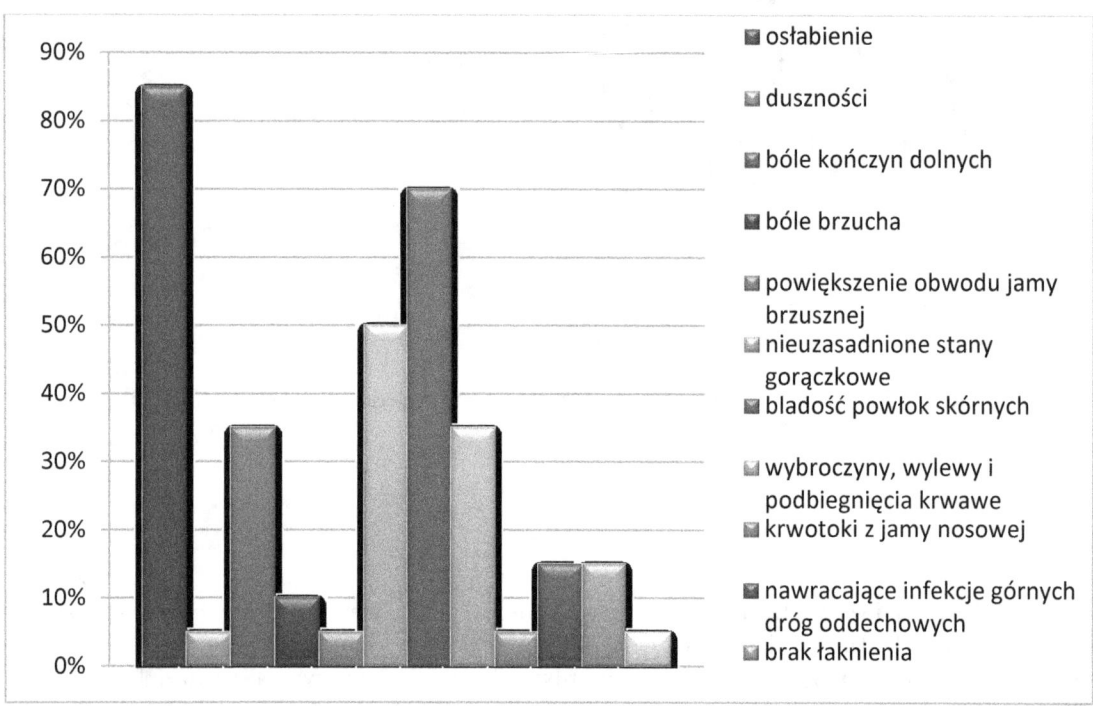

Ryc. 12 a. Rozkład procentowy dzieci w grupie badawczej z uwzględnieniem częstości występowania dolegliwości w wywiadzie.

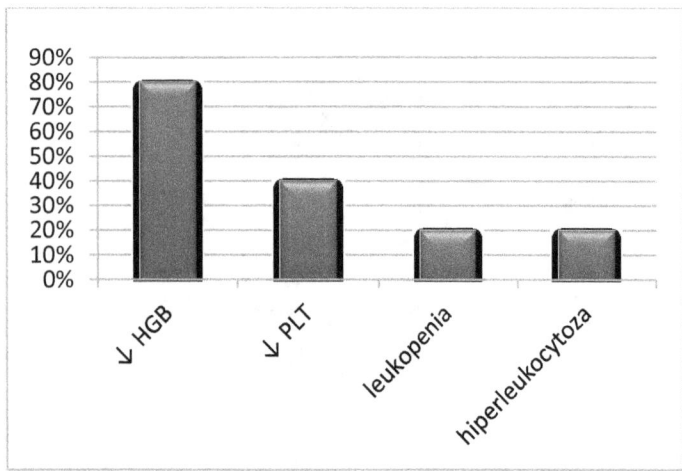

Ryc. 12 b. Rozkład procentowy dzieci, u których wykonano ambulatoryjnie morfologię, z uwzględnieniem nieprawidłowości w uzyskanych wynikach.

Do najczęstszych dolegliwości w badaniu przedmiotowym wymieniano bladość powłok skórnych, powiększenie wątroby, powiększenie śledziony, podbiegnięcia krwawe, powiększenie węzłów chłonnych, tachykardia (ryc. 13).

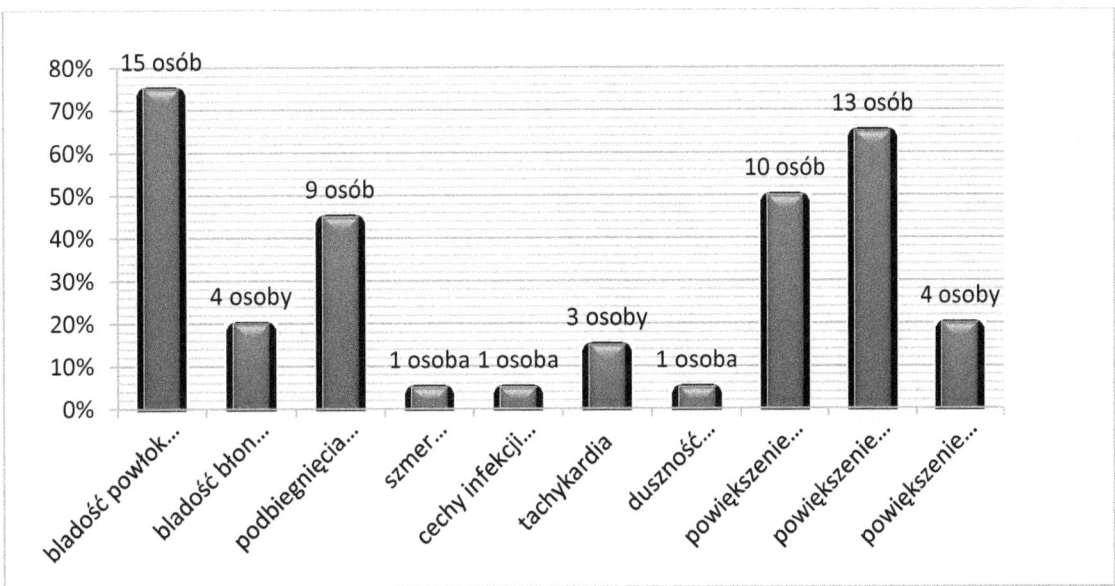

Ryc. 13. Rozkład procentowy dzieci w grupie badawczej z uwzględnieniem częstości występowania dolegliwości w badaniu przedmiotowym.

Do najczęściej wykonywanych obowiązków pielęgniarki należały:

o wykonanie czynności instrumentalnych, takich jak pomiar podstawowych parametrów życiowych, kaniulacja żył obwodowych, pobranie materiału do badań laboratoryjnych, przetaczanie płynów infuzyjnych, preparatów krwiopochodnych;
o wykonanie czynności pielęgnacyjnych, m.in. przygotowanie dziecka do zabiegów i badań diagnostycznych, pielęgnacja skóry i błon śluzowych, kontrola procesów wydalania, dbanie o prawidłową wilgotność powietrza na sali, stosowanie profilaktyki przeciwbakteryjnej, zapobiegającej infekcjom i zakażeniom (przestrzeganie zasad aseptyki i antyseptyki);

o na każdym etapie leczenia, a przede wszystkim w trakcie rozpoznania klinicznego okazanie wsparcia psychicznego i emocjonalnego rodzicom i dziecku;
o edukacja zdrowotna dziecka i rodziców w zakresie pielęgnacyjno-leczniczym;
o prowadzenie poradnictwa w zakresie żywienia oraz zapewnienie prawidłowego stanu odżywienia i nawodnienia;
o prowadzenie dokumentacji medycznej i szczegółowe opracowanie procesu pielęgnowania oraz całodobowa obserwacja pacjenta;
o pomoc w adaptacji do warunków szpitalnych (zapoznanie z topografią oddziału, personelem medycznym, przygotowanie odpowiednich warunków adekwatnych do wieku i potrzeb dziecka) (ryc. 13).

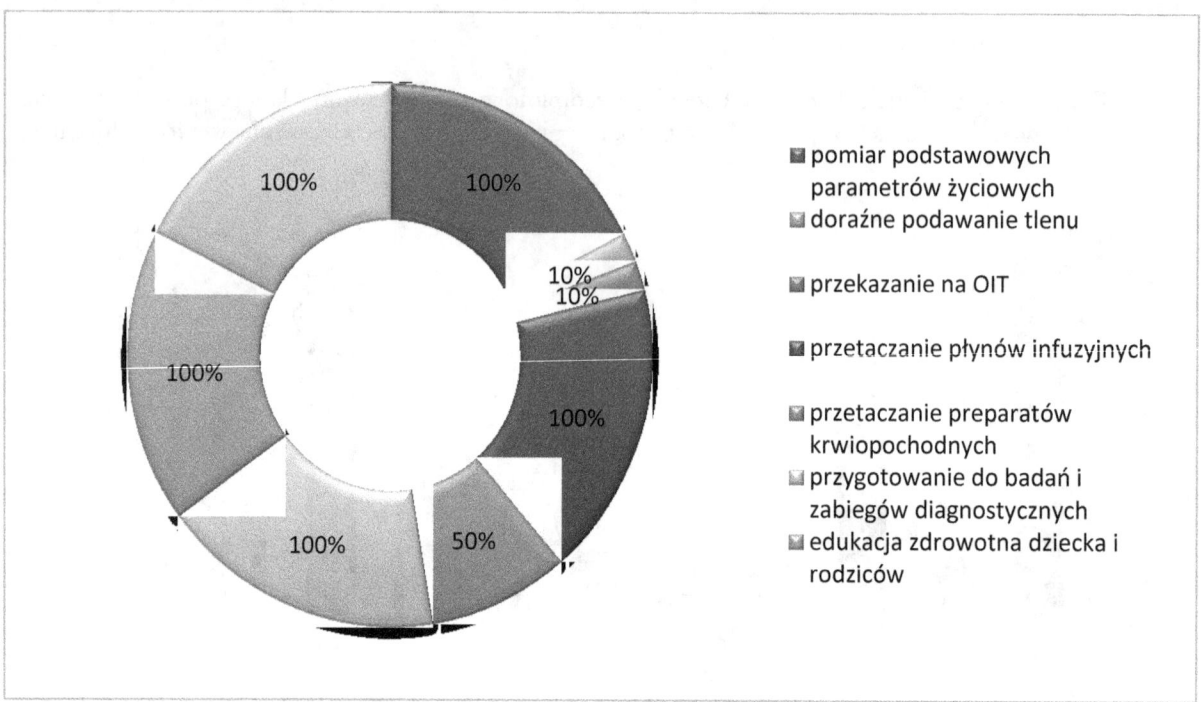

Ryc. 14. Rozkład procentowy wykonywanych czynności pielęgniarskich wobec dziecka, charakterystycznych w oddziale onkologii.

*Dyskusja*

Podczas przeprowadzanej analizy klinicznej dokumentacji medycznej pacjentów, u których rozpoznano ostrą białaczkę limfoblastyczną, zwracano uwagę na szereg objawów ukazanych w badaniach podmiotowych, przedmiotowych oraz laboratoryjnych, które sugerowały rozpoznanie ostrej białaczki limfoblastycznej (ALL), a także udział i rolę pielęgniarki w okresie pierwszej hospitalizacji dziecka z daną jednostką chorobową.

Badaniem objęto 20 dzieci w wieku od 2 do 17 lat, wśród których było 8 chłopców i 11 dziewczynek. U wszystkich dzieci zdiagnozowano ostrą białaczkę limfoblastyczną. Już w chwili rozpoznania zaobserwowano istotne nieprawidłowości w badaniach morfologicznych. Poziom hemoglobiny i płytek krwi był zazwyczaj obniżony. Białe krwinki były częściej podwyższone, rzadziej obniżone. Wartości dehydrogenazy mleczanowej (LDH) rzadko podwyższone. Według Chojnowskiego małopłytkowość dająca objawy skazy krwotocznej, jest jedną z najczęstszych objawów w rozpoznaniu ostrej białaczki limfoblastycznej wynikającej z wyparcia układu płytkotwórczego, szpiku kostnego przez proliferujący klon białaczkowy [14,15]. W badaniach przeprowadzonych przez Pearce'a i wsp. aż 50% przebadanych dzieci, u których rozpoznano ostrą białaczkę limfoblastyczną miało leukopenię [16].

Opieka pielęgniarska nad dziećmi z ostrą białaczką limfoblastyczną nie jest prosta i wymaga od pielęgniarki specjalistycznej wiedzy medycznej z zakresu pielęgniarstwa onkologicznego i pediatrycznego, a zarazem wiedzy z psychologii rozwojowej i klinicznej. Pielęgniarka pracująca w oddziale onkologii dziecięcej powinna nieustannie się dokształcać i poszerzać swoją wiedzę w tym zakresie. Oprócz pielęgnowania i sprawowania opieki nad małym pacjentem, pielęgniarki w równym stopniu powinny zająć się także rodzicami lub opiekunami dziecka, którzy podobnie często są zagubieni w środowisku szpitalnym. Wiedza rodziców na temat jednostki chorobowej i celowości wykonywanych czynności pielęgnacyjno-leczniczych ułatwiają współpracę z personelem medycznym oraz wpływają korzystnie na postępy w leczeniu [17].

Wyniki naszych badań wskazują na istotność opieki pielęgniarskiej na każdym etapie pierwszej hospitalizacji chorego dziecka. Rola pielęgniarki jest niezbędna w profilaktyce, diagnostyce, terapii onkologicznej i procesie pielęgnacyjnym.

Do czynności pielęgniarskich, które były najczęściej wykonywane należy wspieranie i edukacja rodziców w realizacji planu opieki pielęgniarskiej, która sprzyja akceptacji sposobu leczenia, korzystnie wpływa na stosowanie się do zaleceń lekarskich i pielęgniarskich, jak również realizuje szereg działań zmierzających do poprawy stanu zdrowia i samopoczucia dziecka. Chorego poddaje się obserwacji codziennie monitorując podstawowe parametry życiowe. Zwraca się szczególną uwagę na dzieci z niskimi wartościami parametrów krwi obwodowej (niedokrwistością, małopłytkowością i neutropenią). W wyniku tej ostatniej dochodzi do znacznego obniżenia odporności na zakażenie. Profilaktyka przeciwbakteryjna, w skład której wchodzą przestrzeganie zasad aseptyki i antyseptyki jest w tym przypadku bezwzględnie konieczna. W razie konieczności przetaczania preparatów krwiopochodnych całą uwagę skupia się na porównaniu głównych grup i układu Rh biorcy i preparatu, a następnie obserwacji dziecka, łącznie z kontrolą temperatury ciała i ciśnienia tętniczego. Podczas transportu dziecka na Oddział Intensywnej Terapii kontynuuje się obserwację funkcji życiowych pacjenta oraz zabezpiecza przed ewentualnymi urazami, niedotlenieniem, hipotermią, zachłyśnięciem, przypadkowym usunięciu cewników czy linii żylnych. Przygotowuje się odpowiednią dokumentację z dalszymi wytycznymi dotyczącymi tlenoterapii, płynoterapii, farmakoterapii oraz opieki pielęgniarskiej. W zależności od wykonywanych badań diagnostycznych przestrzega się zasad obowiązujących przy każdym badaniu. Pielęgniarka przygotowuje pokój zabiegowy, potrzebny sprzęt, dowozi pacjenta na badanie oraz asystuje lekarzowi przy zabiegu. Następnie uporządkowuje i składa zużyty sprzęt do pojemnika do utylizacji, dostarcza pobrany materiał do laboratorium i uzupełnia zestaw [18,19,20].

Podsumowując należy jeszcze raz podkreślić, iż pielęgniarka w procesie diagnostyczno-terapeutycznym odgrywa bardzo znaczącą rolę, ponieważ w porównaniu do innych pracowników ochrony zdrowia spędza najwięcej czasu z małym pacjentem. Jej działania są skoncentrowane na sferze psychosomatycznej, a do jej zadań należą obserwacja dziecka pod kątem niepokojących objawów, prowadzenie działań profilaktyczno-edukacyjnych dzieci i rodziców, a także włączenie ich w proces pielęgnacyjno-leczniczy. Nie mniej ważnym zadaniem każdej pielęgniarki jest zapewnienie choremu pacjentowi najwyżej jakości opieki pielęgniarskiej.

*Wnioski*

1. Znajomość symptomatologii ostrej białaczki limfoblastycznej pozwala pielęgniarce na wdrożenie postępowania działań w zakresie profilaktyki i wczesnego wykrywania ostrych białaczek limfoblastycznych u dzieci w procesie diagnostyczno-terapeutycznym.

2. Opieka pielęgnacyjna u dziecka z rozpoznaną ostrą białaczką limfoblastyczną jest zależna od jego ogólnego samopoczucia, wartości morfologicznych krwi, parametrów życiowych i zastosowanej terapii.

3. Najczęściej świadczonymi czynnościami instrumentalnymi i pielęgnacyjnymi pielęgniarki w okresie pierwszej hospitalizacji małego pacjenta z rozpoznaną ostrą białaczką limfoblastyczną są wykonywanie pomiaru podstawowych parametrów życiowych pacjenta, założenie wkłucia obwodowego, przetaczanie płynów infuzyjnych, preparatów krwiopochodnych, przygotowanie dziecka do zabiegów i badań diagnostycznych oraz całodobowa obserwacja pacjenta.

4. Komunikacja pomiędzy pielęgniarką a rodzicem dziecka hospitalizowanego stanowi ważny element edukacji zdrowotnej w zakresie poznania jednostki chorobowej, realizacji planu opieki pielęgniarskiej oraz czynności leczniczych.

5. Wsparcie psychiczne i edukacja zdrowotna dziecka i rodziny mają nadrzędny charakter w procesie terapeutycznym i stanowią ważny element w działaniach zmierzających do poprawy stanu zdrowia i samopoczucia dziecka.

*Piśmiennictwo*

1. Jackowska T., Widłak W.: Białaczka. 25.02.2007, [dostęp: 13 XI 2012]. Artykuł dostępny w Internecie: http://www.edziecko.pl/zdrowie_dziecka/1,79369,1396364.html.
2. Gil L., Styczyński J.: Ostra białaczka limfoblastyczna: różnice pomiędzy dziećmi i dorosłymi. Acta Haematol Pol 2006; 37(2): 185-201.
3. Kowalczyk J. R.: Ostra białaczka limfoblastyczna. W: Chybicka A., Sawicz - Birkowska K. (red.): Onkologia i hematologia dziecięca. T. I. Wyd. Lekarskie PWZL, Warszawa 2008: 205-220.
4. Fundacja przeciwko leukemii [online]. [dostęp: 13.11.2012]. Artykuł dostępny w Internecie: http://www.leukemia.pl/polski/poradnik-pacjenta/czym-jest-bialaczka.html.
5. Carroll W. L., Raetz E., Relling M.: Pediatric Acute Lymphoblastic Leukemia. Hematology 2003; 1: 102-131.
6. Europejskie Standardy Opieki nad Dziećmi z Chorobą Nowotworową. Warszawa 2009.
7. Kowalczyk J.R., Samardakiewicz M.: Międzynarodowe Rekomendacje dotyczące Opieki Psychospołecznej nad Dziećmi z Chorobami Nowotworowymi. Psychoonkol 2000; nr 7: 3-7.
8. Król B.: Rodzice kontra nowotwór. Mag Pielęg Położ 2011; 7(8): 38-39.
9. Mess E. Ocena stanu psychicznego dzieci leczonych z powodu ostrej białaczki limfoblastycznej. Pol Med Paliatywna 2002; nr 2: 9-21.
10. Bomken S. N., Vormoor H.J.: Childhood leukaemia. Paediatrics and Child Health 2009; 9: 345-350.
11. Trzęsowska - Greszta E.: Psychologiczne problemy dziecka chorującego na białaczkę. Zdr Psych 2007; 1(35): 147-151.
12. Bernat K.: Wybrane zagadnienia z psychoonkologii dziecięcej. Człowiek nieuleczalnie chory. Lublin, 1997; 276-279 – II Ogólnopolskie Sympozjum Opieki Paliatywnej i Hospicyjnej nt. człowieka nieuleczalnie chorego. Lublin 16-17.05.1997.
13. Bożek J.: Niektóre aspekty psychospołecznych problemów związanych z chorobą nowotworową u dziecka. Med Wieku Rozw 1999; 3(2): 59-68.
14. Maski kliniczne chorób rozrostowych układu krwiotwórczego u dzieci – prezentacja przypadków. (red.): Niedźwiedzicki M. (i wsp.) Forum Medycyny Rodzinnej 2009; 2: 143-153.

15. Chojnowski K.: Zaburzenia homeostazy w ostrych białaczkach. Acta Haematol Pol 2002; 33(2): 139-151.
16. Pearce J.M., Sills R. H.: Leukemia in Children. Pediatrics in Review 2005; 26(3): 70-76.
17. Mahajan A.: Acute Lymphoblastic Leukaemia. Apollo Medicine 2007; 4(2): 121-125.
18. Baehner R. L., McKenna S.: Diagnosis and treatment of childhood acute lymphocytic leukemia. W: Wiernik P. H. (i wsp.). (red.): Neoplastic diseases of the blood. Third Edition. Wyd. Churchill Livingstone 1996: 271-319.
19. Pui C. H., Robison L. L., Look A. T.: Acute lymphoblastic leukaemia. Lancet 2008; 371(9617): 1030-1043.
20. Malinowska – Lipień I.: Pielęgnowanie w schorzeniach układu krwiotwórczego. Instytut Pielęgniarstwa i Położnictwa. Zakład Pielęgniarstwa Internistycznego i Środowiskowego WNZ CM UJ, Kraków 2012.

# Informacja o autorach

**Boroń Dariusz**, dr n. med., Katedra i Zakład Histologii i Embriologii Wydziału Lekarskiego z Oddziałem Lekarsko-Dentystycznym w Zabrzu Śląskiego Uniwersytetu medycznego w Katowicach; główne zainteresowania badawcze koncentrują się na osteoporozie.

**Brus Halina**, mgr rehabilitacji, dr n. med., jest współautorem ok. 25 prac i kilku doniesień zjazdowych dotyczących głównie rehabilitacji aparatu ruchowego oraz krążenia a także wpływu pól magnetycznych na powyższe.

**Brus Ryszard**, prof. dr hab. n. med. jest emerytowanym profesorem SUM, byłym Kierownikiem Katedry Farmakologii (23 lata ) Wydziału Lekarskiego w Zabrzu. Jest autorem lub współautorem ok. 370 publikacji (większość w języku angielskim ), a IF za ostatnie 10 lat pracy wyniósł ok 150, zaś liczba cytowań przeciętnie 65 - 70 rocznie. Ponadto jest autorem lub współautorem ponad 400 doniesień zjazdowych. Współorganizował 3 Międzynarodowe Kongresy Farmakologiczne oraz zorganizował ok. 30 zjazdów monotematycznych w kraju i za granicą (Chile, była NRD). Główną tematyką ostatnich 30 lat pracy w SUM to farmakologia ośrodkowego układu nerwowego a głównie chorób neurodegeneracyjnych (Parkinson, Taurett, Huntington) oraz ADHD a także podstaw zmian reaktywności ośrodkowych receptorów dopaminowych charakterystycznych dla schizofrenii) oraz "farmakologia rozwojowa", kliniczna i doświadczalna. Jest współautorem dwu doświadczalnych zwierzęcych modeli, choroby Parkinsona i ADHD. Przebywał wiele miesięcy w USA, gdzie otrzymał pozycję Zastępcy Profesora na Uniwersytecie ETSU w Tennessee a także pracował ok. 1.5 roku w University of Pennsylvania w Filadelfii. Był zapraszany z wykładami do byłego ZSRR, Francji, Niemiec (obu), Japonii, Chile, Włoch, Israela i na Węgry. Jest (nadal) członkiem zespołu redakcyjnego czasopisma *NEUROTOXICITY RESEARCH* (USA). Współpracował przez 40 lat z ośrodkami w USA i ok 25 lat z Uniwersytetem w Heidelbergu ( Niemcy ) i Hebrew University of Jerusalem.

**Buczyńska Barbara**, mgr pielęgniarstwa.

**Cieślar, Grzegorz**, prof. dr hab. n. med., profesor nadzwyczajny Katedry i Oddziału Klinicznego Chorób Wewnętrznych, Angiologii i Medycyny Fizykalnej Śląskiego Uniwersytetu Medycznego w Katowicach oraz profesor zwyczajny Zakładu Fizjoterapii Instytutu Ochrony Zdrowia Państwowej Wyższej Szkoły Zawodowej im. Stanisława Staszica w Pile; współautor około 400 publikacji naukowych (książek, artykułów, rozdziałów i referatów zjazdowych); głównymi tematami zainteresowań badawczych są eksperymentalna ocena oddziaływań biologicznych czynników fizycznych stosowanych w medycynie fizykalnej, takich jak: stałe pole elektryczne, zmienne pola magnetyczne, światło niskoenergetyczne, temperatury kriogeniczne i tlen hiperbaryczny oraz kliniczna ocena efektywności terapeutycznej tych czynników fizycznych stosowanych w formie: magnetoterapii, magnetostymulacji, magnetoledoterapii, magneto-laseroterapii,

laseroterapii niskoenergetycznej, światłolecznictwa z użyciem światła spolaryzowanego, krioterapii ogólnoustrojowej, hiperbarycznej terapii tlenowej oraz diagnostyki i terapii fotodynamicznej.

**Dworniczek Izabela**, mgr pielęgniarstwa, zajmującą się stwardnieniem rozsianym.

**Flakus, Joanna**, dr n. hum., Zakład Medycyny i Opieki Paliatywnej Wydziału Nauk o Zdrowiu Śląskiego Uniwersytetu Medycznego w Katowicach, głównym obszarem zainteresowań badawczych są zagadnienia związane z opieką paliatywną.

**Gawęda, Anna,** dr n. med., adiunkt Katedry Pielęgniarstwa i Położnictwa Wydziału Społeczno – Medycznego Wyższej Szkoły Planowania Strategicznego w Dąbrowie Górniczej, autorka kilkunastu publikacji naukowych, główny obszar zainteresowań badawczych to problematyka współczesnego pielęgniarstwa.

**Ingram, Paulina B.**, magister pielęgniarstwa, uczestniczka studiów doktoranckich Wydziału Nauk o Zdrowiu Śląskiego Uniwersytetu Medycznego w Katowicach (przy Zakładzie Filozofii Katedry Filozofii i Nauk Humanistycznych); autorka 9 publikacji naukowych (artykułów), głównym tematem zainteresowań badawczych są aspekty pedagogiczne pracy pielęgniarki z pacjentem i jego rodziną oraz zagadnienia z zakresu seksualności człowieka.

**Ingram, Sebastian.**, magister fizjoterapii, absolwent studiów podyplomowych z przygotowania pedagogicznego, uczestnik studiów doktoranckich Wydziału Wychowania Fizycznego, przy Katedrze Promocji Zdrowia i Metodologii Badań Akademii Wychowania Fizycznego w Katowicach; autor około 10 publikacji naukowych (artykułów), głównym tematem zainteresowań badawczych są podatności uszkodzeń ciała podczas upadku u osób starszych oraz bioetyczno-pedagogiczne aspekty opieki nad pacjentem.

**Jadamus-Niebrój Danuta,** dr n. med., pracuje w Górnośląskim Centrum Zdrowia Dziecka, specjalista pediatra i specjalista neonatolog, autorka/współautorka ok. 50 publikacji naukowych; główny obszar zainteresowań – problematyka związana z doświadczeniem bólu proceduralnego przez noworodki leczone na oddziałach intensywnej terapii.

**Krzych, Łukasz J.**, dr hab. n. med, dziekan Wydziału Przyrodniczego Śląskiej Wyższej Szkoły Informatyczno-Medycznej w Chorzowie, autor ponad 150 publikacji naukowych, w tym ponad 100 prac oryginalnych, opublikowanych w recenzowanych czasopismach krajowych i zagranicznych, o łącznym współczynniku oddziaływania IF~70, punktacji MNiSW ponad 1000 punktów, zainteresowania kliniczne skupiają się wokół intensywnej terapii kardiologicznej i kardiochirurgicznej, w pracy teoretycznej zajmuje się szeroko rozumianą problematyką zdrowia publicznego, epidemiologii chorób cywilizacyjnych i metodologii badań naukowych.

**Niebrój, Lesław T.**, dr hab. n. hum., kierownik Katedry Filozofii i Nauk Humanistycznych Wydziału Nauk o Zdrowiu Śląskiego Uniwersytetu Medycznego w Katowicach; autor około 200 publikacji naukowych (książek, artykułów, rozdziałów), głównym tematem zainteresowań badawczych są dylematy etyczne związane z uzyskiwaniem świadomej zgody pacjenta zwłaszcza w odniesieniu do tzw. grup szczególnie podatnych na wykorzystanie (*vulnerable subjects*) oraz zagadnienia z zakresu meta-bioetyki.

**Potempa Katarzyna**, mgr pielęgniarstwa, słuchaczka Studium Doktoranckiego na Wydziale Nauk o Zdrowiu Śląskiego Uniwersytetu Medycznego w Katowicach (przy Zakładzie Filozofii Katedry Filozofii i Nauk Humanistycznych); autorka kilku publikacji naukowych koncentrujących się wokół problematyki zaburzeń odżywiania.

**Szmaglińska, Katarzyna**, dr n. hum. w zakresie filozofii, pracownik naukowo-dydaktyczny w Katedrze Filozofii i Nauk Humanistycznych Śląskiego Uniwersytetu Medycznego w Katowicach. Autorka kilkunastu artykułów naukowych z zakresu antropologii filozoficznej oraz etyki. Zainteresowania badawcze koncentrują się wokół filozoficznych założeń psychoanalizy oraz kwestii związanych z definiowaniem zdrowia i choroby

**Świerczek, Joanna,** mgr pielęgniarstwa, położna, kierownik Zakładu Praktyk zawodowych w Wyższej Szkole Planowania Strategicznego w Dąbrowie Górniczej. Zainteresowania związane są z zagadnieniami związanymi z działalnością zawodową pielęgniarek i położnych oraz organizacją podnoszenia kwalifikacji zawodowych dla tych grup.

**Tobor, Ewa I,** dr n.med., adiunkt Wyższej Szkoły Zarządzania w Częstochowie. Autorka kilkudziesięciu prac oryginalnych, poglądowych, rozdziałów w monografiach oraz książkach. Członek Komitetu Programowo – Redakcyjnego książek wydawanych edycyjnie przez PZWL pod patronatem Polskiego Towarzystwa Położnych jako Biblioteka Położnych. Kierownik kursów i specjalizacji dla położnych. Vice Przewodnicząca Oddziału Wojewódzkiego Polskiego Towarzystwa Położnych w Katowicach oraz członek Zespołu Położnych przy Okręgowej Radzie Pielęgniarek i Położnych w Katowicach. Zainteresowania naukowe dotyczą głównie obszaru poprawy jakości opieki położniczej i poprawy relacji interpersonalnych w grupie zawodowej pielęgniarek i położnych.

**Wac, Kornelia J,** dr n.med. położna, pedagog, adiunkt Zakładu Pielęgniarstwa i Położnictwa Wydziału Społeczno-Medycznego Wyższej Szkoły Planowania Strategicznego w Dąbrowie Górniczej. Autorka kilkudziesięciu prac oryginalnych, poglądowych, rozdziałów w monografiach oraz książkach. Zainteresowania wiążą się z opieką położniczą i ginekologiczną nad kobietą oraz pedagogizacją rodziców w zakresie rodzicielstwa, psychologią prenatalną a także działalnością zawodową położnych.

**Wiśniewska, Agnieszka,** absolwentka Wydziału Społeczno-Medycznego Wyższej Szkoły Planowania Strategicznego w Dąbrowie Górniczej, główny obszar zainteresowań badawczych to problemy etyczne w pielęgniarstwie.

www.ingramcontent.com/pod-product-compliance
Lightning Source LLC
Chambersburg PA
CBHW080935170526
45158CB00008B/2297